这本令人惊叹的书使用了光面杂志形式和绚丽的彩色照片来表达城市设计所具有的令人激动的活力。

　　创作者们制作了一个城市的大型纸模，自信而翔实地表达自己对城市设计和公正问题的看法。

　　读者可以将这些看作是创作者在邀请他们一起就城市模型进行重新思考。

　　这些引人注目的模型由意想不到的物体构成，加上有趣大胆的字体呈现，能很好地吸引读者注意城市的建设，从而让孩子们意识到自己具有重建我们所居住的城市的潜力，去做一个更好的公民。

邀请所有人一起建设更好的城市

[捷] 冈村修

事实上，我也对自己能够完成这本书感到惊讶！我曾在专业建筑杂志《ERA21》担任主编多年，所以我只为建筑师写作。同时，我也是国际城市会议 reSITE 的项目主任，主要关注城市宜居性。在这个项目中，我们邀请建筑师以及城市中的其他重要人物，如政治家、开发商、投资者和城市活动家参与其中。从这些活动中我开始明白，如果想让城市变得更好，我们需要更全面地进行合作。

然而，直到我参加了富布赖特基金资助的芝加哥建筑中心（Chicago Architecture Center）的海外学习之旅，我才开始深入理解这一理念。芝加哥建筑中心是世界上最大、最成功的致力于向公众传授建筑和城市化知识的机构。很少有人知道，该中心的三个主要发展重点之一是成为世界青年教育的领导者。他们为孩子们设计的建筑课程非常棒，比如沉浸式嘻哈建筑营。而其中我最感兴趣的是他们推出的关于芝加哥城市化的漫画书《规划无小事》（No Small Plans）。

我一回到家，就开始考虑如何在欧洲启动一个类似的项目，这个项目也可以在全球范围内运作。我最终为大家写了一本书《适合所有人的地方》，这要归功于我在这个主

题上的长期专业经历，以及一些难得的空闲时间。

你希望通过这本书传递给孩子什么样的观念或想法呢？

一开始，我向孩子们介绍人们为什么要搬到城市，是什么让城市如此具有吸引力，谁拥有城市，以及如何规划一座运转良好的城市。

然后，我将重点关注当今世界城市面临的 14 个最大挑战，如环境退化、交通运输、郊区化和缺乏参与，等等。如果不能正视并在生活环境中格外注意这些问题，我们就无法找到这些问题的更优解决方案。

最后一章其实是作为"引言"写的，意在邀请所有读者参与到共建一个适合所有人的地方的行动中去。因为如果我们爱自己和我们所爱的人，我们也会爱我们的家、我们的城市、我们的国家和我们的星球。世界各地的一些鼓舞人心的良好做法实例就是对本书进行的补充。

你认为孩子能够理解、领悟书中的内容吗？

《适合所有人的地方》最初主要是为高中生写的，结果吸引了几个不同层面的读者。小学生首先被迷人的插图吸引，然后在教师的帮助下一起学习这本书，在家里则主要是在父母的帮助下学习这本书。高中生可以独立阅读这本书，书中的文字和图像提供了一

种对现实的冒险而又批判性的解读，这对他们来说是非常重要的。同时，因为这本书没有在文本上单纯迎合年轻一代，所以它在成年人中也非常成功。他们发现这本书可以帮助他们在一个下午的时间内了解城市规划问题。城市规划部门和城市规划师普遍使用这本书作为居民参与规划会议的介绍。建筑师购买它们作为礼物送给客户。还有一个重要的群体是艺术收藏家，因为为这本书做出贡献的艺术家已经是在当地得到高度认可和赞赏的艺术家。因此，在书店里，你经常会发现这本书不仅在青少年专区，而且在建筑区、美术区甚至社会学区都有陈列。

今年，我进一步考虑了为《适合所有人的地方》这本书拓展使用场景的可能性。我从环境部获得了一笔赠款，用于开发和准备教学材料，为教师提供一系列练习和研讨会，介绍如何在学校和城市中使用这本书及其主题。现在，我正在研究使用方法和内容，在夏季之前，我们将与选定的教师合作，对试点版本进行微调。在秋季，我们将确定最终版本，并培训第一批中小学教师。基于教师的教学活动，书中的内容将得到更有效的传播，我希望能让更多的孩子了解建设可持续宜居城市需要解决的问题。

你的职业方向有没有受到童年时期的经历的影响？

我出生在东京，这个星球上人口最多的

大都市。我们与父母住在 20 世纪 60 年代末和 70 年代初最大的住宅区之一——一个近乎理想的现代主义城市中的十一层大型混凝土城市公寓里。一切都很漂亮、很新，并且功能齐全。但事实上，它是当时东京自杀率最高的地方之一。

后来，我们在 20 世纪 70 年代初搬到欧洲的历史名城布拉格，那时大众汽车还处于萌芽阶段。然而，在我 3 岁那年，当我们下午回家的时候，我在家外面的街道上被一辆汽车撞了，我进了医院。

另外，从很小的时候起，我就喜欢画画，喜欢用橡皮泥制作大城市的模型，或者用纸制作包括家具在内的整栋房子的模型，或者在公寓里用家具做一些东西。我也一直在阅读大量的书籍。我想我对城市规划的兴趣肯定不是偶然的。

书中有哪些是你特别想讲给读者的内容，为什么？

正如我所说，《适合所有人的地方》只是一个"邀请"。

城市是一个迷人的人类发明，它已经成为我们星球上大多数居民的家园。但如何理解像城市这样复杂而又脆弱的事物呢？这本针对初学者的城市规划手册将向你展示这些巨大的人类"蚁丘"是如何工作的，它为我们提供了什么机会，但最重要的是，它今天面临着什么问题。

城市规划是一个战略游戏，我们每天都在学习如何在一个共享的平面上生活和尊重彼此。《适合所有人的地方》邀请大家加入建设我们所居住城市的行动中，因为我们的命运与未来的城市生活息息相关！

你理想中的城市是什么样的？

一个可以短途步行的城市。步行是城市中最健康、最社会化、最经济、最可持续的出行方式。一个主要适合步行的城市必须高度宜居（拥有许多自然元素，例如街道上的林荫道、小公园和水景），人口足够密集，每个地方的功能各不相同（包含工作、住房、贸易、服务、娱乐等）和混合型的社会构成（拥有不同的收入群体）。当辅以良好的自行车基础设施和可用的高质量公共交通时，人们可以到达更远的目的地。

我们经常谈论一种"15 分钟城市"，也就是说在这种城市里，你可以在离居住地步行 15 分钟的范围内获得大部分日常需求。

用高亮标注出的内容有什么作用？

标注高亮将引起读者对关键词、基本思想的注意，它们在内容以及视觉上将引起对文本中重要主题的详细讨论的注意。它们可以帮助你更快地掌握书中的思路。

相同的颜色也用于页面底部的文本，其

中包含了来自世界各地不同城市的最有趣的数据，更精确地具体化个别主题。

创作中都有什么有趣的故事？

为了更容易理解，依据我最初与出版商接触时的主题大纲，文本的第一个版本以口

头采访的形式创建。在转录录音的粗略材料及其基本编辑之后，又进行了几轮编辑，重新组合成章节，或补充文本，或缩短与合并。

当整个文本完成后，才开始与出版商一起寻找最合适的插画家。这是在第二次尝试时才完成的。当我见到戴维·波姆和伊尔吉·弗兰塔时，我立刻感受到我们的想法是一致的。我为插图准备了详细的材料，并等待结果。他们最终做出的结果完全超出了我的预期，并把整本书提升到了一个新的水平！

有没有想对中国小读者说的话？

我们今天作为城市居民必须面对许多严重的问题。但没有必要恐慌，现在纠正错误还不算太晚。当然，话虽如此，但我们的选择是有限的。用建筑师雷姆·库哈斯（Rem Koolhaas）的话说："我们比以往任何时候都更需要城市。"

不要等待。我期待着与你们每个人合作，因为城市属于每个人。

寻找适合所有人的城市

侯丽 / 麻省理工学院可持续城市化实验室客座研究员

存在这样的地方吗？我们苦于寻找一个适合自己居住的城市。大城市生活丰富、就业机会多，但免不了交通拥堵、房价高昂；在宁静的小城镇，往往难以得到最优质的医疗和教育，社会和文化生活也许简单到乏味。在本地居民与新移民、老年人和年轻人、儿童与宠物、历史保护人士和发展商等不同人群或者种群之间，常有着对空间占有及使用的不同意见。有的城市光鲜亮丽，但你可能觉得自己是个过客，没人听得见你的声音，这个城市的光与热与你无关；被列入旧城改造的"棚户区"，却是有的人难以割舍的家园。很多时候，我们对自己生活的地方有爱有恨，当不满意增加的时候，是选择离开，还是试图改变它？

什么样的城市才算得上是好的城市？有美丽的自然山水和大大小小的公园？有宏伟的天际线和高楼大厦？有清洁的水源和清新的空气？即使是残疾人也感到出行便利？怎么建设和管理好一个容纳众多人口的城市？

谁有发言权？当与他人共享的空间出现争议的时候应该怎么办？

《适合所有人的地方》为对城市的建设和规划感兴趣的孩子和大人们提供一个简明的知识窗口。这本译作通过通俗的语言、生动的案例和形象的绘画，讲述了城市与区域规划的雄心、方法论和重要的城市议题。城市规划是在回应城市议题的过程中应运而生，对问题的理解和解决方式也不断在变化，而本书介绍了当代城市所面临的一些最典型的问题，例如单一功能分区、忽视公共空间、缺乏参与、城市的衰败与复兴、交通问题、住房问题、环境问题，等等。每一个章节都在帮助我们思考我们所居住的城市所面临的一些共同问题：这些问题的出现根源何在？它们如何影响到我们的个人生活？城市规划如何试图解决它们？

这也是一本有关世界城市生活的小百科

全书。例如，在德国，约一半人口在租房子住，而罗马尼亚的这个数字只有 3.2%（为什么？）；世界上最高的 10 座摩天大楼中，有 6 座在中国；柏林市政府要求房租价格应该维持 5 年不变，并限制私人拥有的公寓楼只有 40% 的面积可用于商业短租；2015 年，法国格勒诺布尔市规定，拆除街道上所有广告牌，换成行道树；在住宅区，为了满足绿化用地、交通、日照采光和消防等规划要求，实际上只有 30% 的土地可以真正用于建设……

通过这些既宏大又微小的讲述，读者能够对我们所生活的地方及其规划产生更多的了解。正如书中所说，从本质上讲，城市是一个充满冲突的地方。城市规划必须努力协调不同群体提出的看似不相容的需求。创造取悦所有人的场所是不可能的。那么，我们如何让人们以相互包容的态度生活在一起呢？有时我们通过相互协商来消解冲突。然而，在拥有多元文化的大城市里，新的观念认为，不同的群体能够学会相互包容和合作就足够了，强迫人们以同样的方式生活是错误的。

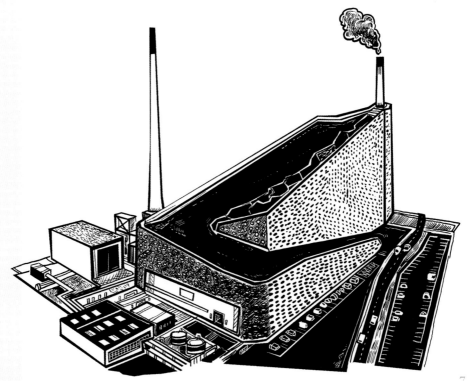

关注我们生活的城市

邓稚凡

《适合所有人的地方》获得 2021 年博洛尼亚最佳童书"新视野奖",我有幸在 2022 年初承担了本书的翻译工作。我是学设计专业的,当我接到样章的时候,发现创作者做了一个城市的大型纸质模型,由意想不到的物体构成,并以艺术性极强的粗体字呈现,非常吸引读者关注城市的构造。本书著者对城市规划和一些公正问题表达了丰富的见解,让我们重新思考城市,意识到个人具有重建我们城市的潜力,从而去做一个更好的个体。

在翻译过程中，有些章节比如Brownfield land（棕地），Suburbanization（城市郊区化），Industrial Parks（工业园区），Environmental Degradation（环境恶化），Neglect of Public Space（忽视公共空间），让我想到这些问题是孩子们正在经历的情形。如何解决我们的城市中出现的障碍、危险或卫生问题，从而追求高质量的生活，正是需要孩子们在未来的学习和工作中进一步思考的。功能完善的城市的建设不仅关乎经济，它还涉及环境、空气和水体的质量等，每个人都有责任和义务去关注我们生活的城市。

本书中文版的校译工作得到了澳门大学认知翻译中心博士研究生陈毅强的大力支持，他对翻译准确性提出了很多宝贵的意见。感谢重庆大学外国语学院博士研究生李美奇，硕士研究生周琳、林晓薇在翻译初稿过程中的协助，我们一起"游览"了纸模城市。我们还要感谢天地出版社各位编辑在出版过程中辛勤的付出。最后我特别要感谢四川外国语大学基础教育集团的支持，本书也是我开启基础教育工作的一个重要开端。

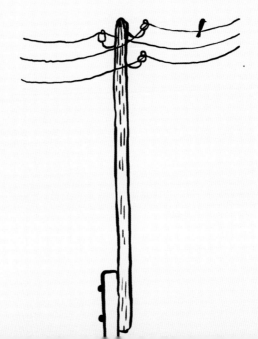

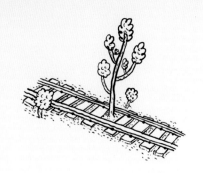

去读懂城市

生活在城市中，居住在社区里，每天使用各种交通工具去上学或上班，空闲时间去博物馆参观、去公园玩耍、去商场购物……这是我们熟悉的城市生活图景。

而当我们跳出日常生活，以"造物者"的心态观察这一切，城市则变了一副模样。城市的人口是稠密还是稀疏，社区居民之间的沟通是否通畅，各种交通工具能否和谐共存，城市中是否拥有足够的公共空间供大家休闲娱乐……城市的复杂远超我们的想象，我们与城市也比想象的更加密不可分。

一直以来，我们都在思考：如何向读者，尤其是小读者来传达这些想法呢？有没有一本书可以深入浅出地讲述城市、城市规划设计以及城市面临的各种问题呢？

终于，《适合所有人的地方》这本书出现了。

《适合所有人的地方》是 2021 年博洛

尼亚童书展最佳童书奖"新视野奖"的获奖作品。（博洛尼亚童书展最佳童书奖每年会在常规奖项之外设立一个"新视野奖"暨评委会特别奖，以奖励极具创新性、极为瞩目的作品。）众所周知，每年参选博洛尼亚童书展的图书数以千计，这本书能脱颖而出，必有其与众不同之处。

这本书讲述了城市这个人类聚集的地方——复杂、拥挤、脆弱。为了帮助人们更好地生活在城市中，城市规划应运而生。但在实际的城市发展过程中，人们面对生活质量、城市发展建设，在不断地进行比较、权衡和博弈。如何创造舒适、宜居的生存环境，并以怎样的态度生活在共享空间中，这是一个没有标准答案的问题。

它不同于常见的关于建筑、建筑本身、建筑风格和建筑细节的书，而是更多为小读者提供思考城市的路径。作者的野心很大，试图诠释非常复杂的城市问题、城市规划问题，甚至是城市规划危机，并将他们介绍给公民们，不仅是现在的公民，更是未来的公民，也就是孩子们。

为什么我们的孩子需要这样一本关于城市的书？

作为一个建筑相关行业的从业者，作者发现，说到建筑时孩子还可以理解，可到了城市规划，情况就变得非常棘手了。因为这往往会包含许多复杂的词汇和更加灵活多变的利弊问题。所以这本书的目的，不是让孩子来实操，而是去读懂问题，这意味着当孩子想了解城市的时候，可以借此对其进行分析。

城市问题也是威胁我们生存的世界的问题。地球上一半以上的人口现在都生活在城市里，半数以上的能源是在城市中消耗的，半数以上的碳污染、碳排放都是在城市产生的。我们经常提到的全球危机，比如气候危机，也要通过解决城市问题来解决。同时，这种复杂的情况不能只依靠相关部门、城市规划师和城市爱好者来解决，如果没有积极的公民，也无法解决问题。

打开这本书，孩子会发现书中有一半是插图或者图片。

从图片上可以看到创作者们制作了一个大型模型来展现城市。比起依据系统性规划或者其他要求制作分毫不差的模型，这个模型更加具有游戏性。就像孩子们在玩耍的时候，通常都会拿周围的事物进行即兴创作。创作者们采用了同样的策略，他们使用的材料就在现实生活的各种角落，从某种意义上讲，这些源自现实世界的物品重构了一个世界，这个世界又与现实世界交相呼应。

从这个模型中孩子可以感受到城市是一个有机体，城市中的每一部分都互相关联，同时它也给孩子提供更多想象的空间，促使他们寻找城市的更多可能性。它不同于明信片上的城市景观，而是将脏乱、吵闹和其他一切都展现出来，颠覆固有印象。

这个大型的城市模型，为孩子提供一个窗口去俯瞰城市景象，去注意城市中更多的细节和"故事"。甚至孩子可以把这个城市模型看作一个舞台布景，在这个舞台上，孩子可以讨论如何按照自己的想法构建真实的城市，如何通过社会形象、社区形象、邻里形象……来构建自己的身份，以及思考大家如何在这个世界上生活。

以上这些其实充满了游戏性，这种游戏性实际上是一种思考的策略，鼓励孩子成为更积极的公民，把美、乐趣、情绪带入现实生活。这也是我们为了在这个星球上更好地生活，应该玩也必须玩的游戏。

在本书获奖年度的博洛尼亚最佳童书奖的获奖作品中，有很多都是关于人们生活的地方，比如本书，比如一本获奖的小说是《家》，还有一本是歌剧题材的书《邻居》，可见，人们已经开始重新审视和思考自己和自己生活的地方。

这本书更多的是介绍了欧美的情况。在中国，国家发展和改革委员会、住房和城乡建设部、国务院妇女儿童工作委员会办公室在 2022 年 9 月联合印发了《城市儿童友好空间建设导则（试行）》，其中就鼓励孩子作为行动主体参与到城市建设和规划中去。在北京、上海、深圳等地，已经出现了"小小社区规划师"活动，引导孩子参与到规划实践中去。

让孩子意识到自己是城市未来的主人，鼓励孩子为改变自己未来生活的城市做出努力，帮助孩子掌握改变自己生存城市的能力，明白应如何与城市中的其他人和谐共处，建设一个"适合所有人的地方"，就是本书的意义。

你 想 生 活 在 什 么 样 的 城 市 ？

FOR EVERYONE

适合所有人的地方

致所有我爱的城市。

适合所有人的地方

[捷]冈村修 / 著

[捷]戴维·波姆　[捷]伊尔吉·弗兰塔 / 绘

邓稚凡　杨媚 / 译

天地出版社 | TIANDI PRESS

目录

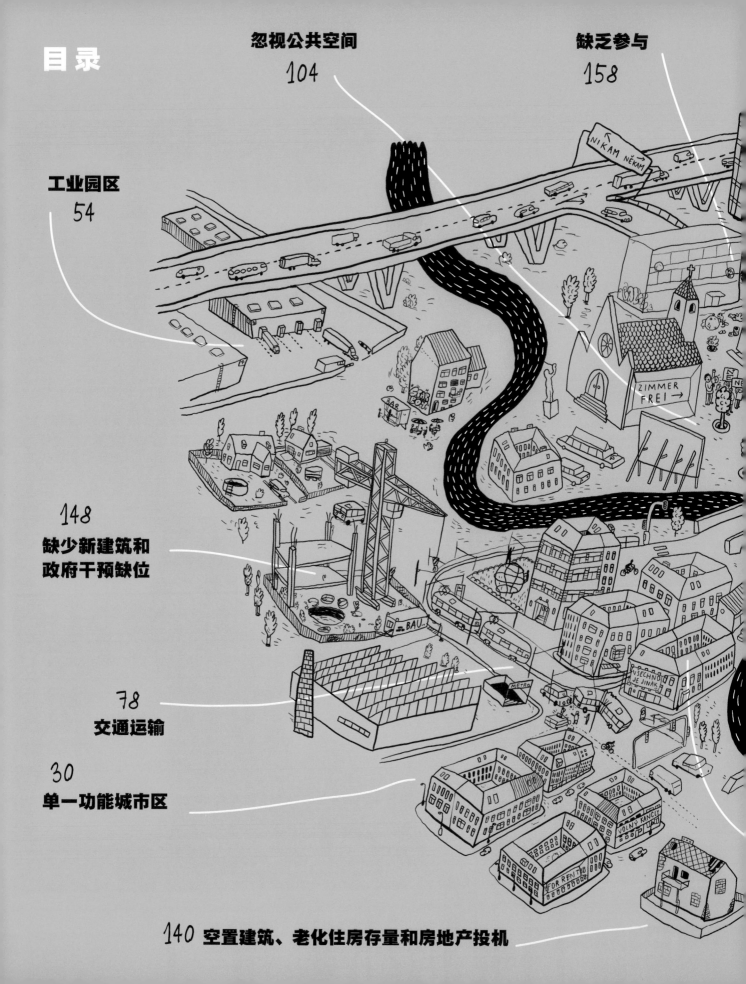

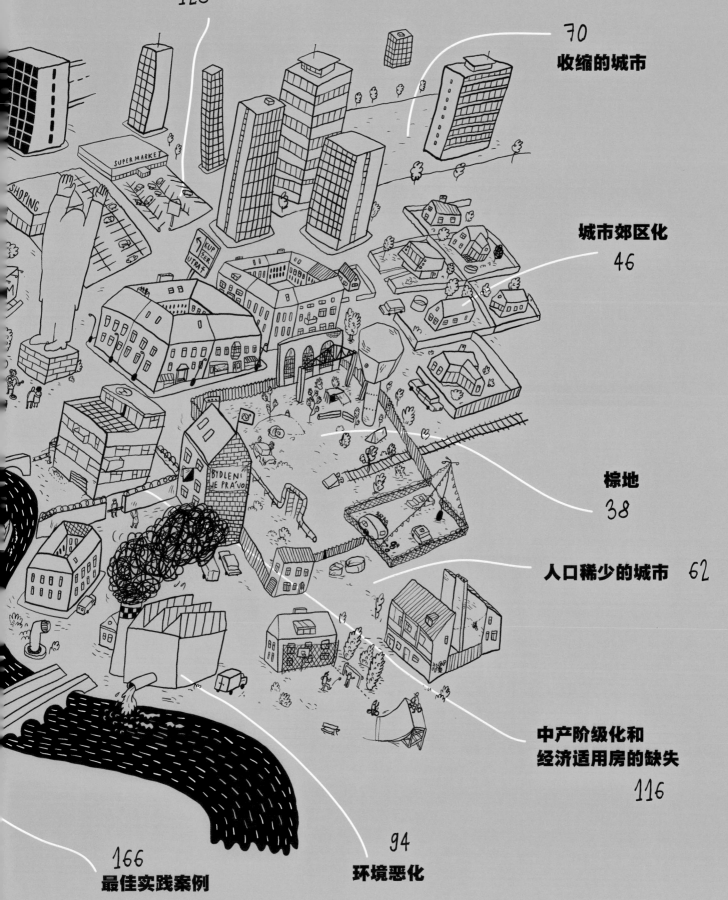

在1990年，世界上只有10个特大城市。现在则有34个，它们大多分布在亚洲。世界上人口最多的特大城市是东京，拥有3700万人口。

为什么这本书不讨论建筑，而是讨论城市和城市规划呢？

我们谈到建筑，往往会想到具体的房屋和历史遗迹，或者一栋工业大楼。建筑是有形的，并且有着清晰的轮廓。我们通过感官和思维来理解它。谈论建筑（比如自己家的房子）的设计和结构包含了什么，是件容易的事，因为我们当中的许多人都有亲身经历。但是，当面对城市这样巨大而复杂的事物时，我们怎样才能找到联系呢？我们该如何去揣摩一座城市，又该如何批判地审视它呢？

城市环境问题层出不穷，这使我们不得不认识到，解决一个一个小规模的建筑问题，对于改善城市中人们的生活质量所起到的作用微乎其微。大多数情况下，这些微小的变化所影响的人群十分有限，而且他们的数量还取决于所处理的究竟是私人建筑，还是公共建筑。自古以来，无论身处哪一个文明，城市规划的艺术都是以更广泛、更全面的方式指导我们的生活。

虽然在本质上城市是文明发展的成就，但从历史来看，地球上的大多数人都生活在远离城市的地方，与大自然亲密接触。这种情况已经在最近几十年发生了巨大的变化。2008年以来，地球上的城市人口数量已经超过了非城市人口。而且这个过程还在继续加速，到2050年——是的，就是这么快——我们预计全球将有75%的人口成为城市居民。与亚洲和非洲的发展中国家相比，欧洲的城市人口增长虽没有那么明显，但那里的特大城市增长速度却很惊人。（特大城市的居民一般都超过1000万人。在欧洲，这样的城市只有两个——莫斯科和巴黎。除此之外，包含全市三分之二人口的伊斯坦布尔欧洲部分，以及伦敦也在接近特大城市的规模。）

城市正在成为越来越多人的家园，他们在这里度过一生。城市人口密度是造成许多问题的原因，并且人口密度还在不断增长。让我们比较一下农村和城市的情况吧。在农村地区，一旦出现长期粮食短缺这样的严重问题时，村民们就会采取行动，种植土豆等粮食作物。他们能更快地适应环境，从而获得更多生存机会。让我们再举一个极端的例子。像西班牙流感或霍乱这样的流行病在某一个村庄暴发时，可能会夺走全村人的性命，但不会殃及邻村。然而，当全球大流行病暴发，或当自然灾害来袭的时候——作为一个复杂、拥挤、脆弱的有机体，城市中大量人口的生活将会受到影响，并且往往要受到很大破坏。

这也就解释了为什么我们今天的城市规划，要像精心策划军事战斗一样，制定战略和战术，并研究各种危机预案。

城市属于谁?

让我们谈谈城市的公共空间吧。城市是由人组成的社区。居民按照自己的意愿塑造了城市,他们决定在一个地方共同生活,并认定这样对他们自己也是有利的。定居在此的人们繁衍生息,感到越来越安全。哈佛大学经济学教授爱德华·格雷泽(Edward Glaeser)认为,城市是人类最伟大的发明。它为居民提供了更好的教育,使他们更富有、更健康、更幸福。格雷泽教授的观点有精确的数据来支撑。城市居民的寿命更长,患病率更低,受教育程度和收入水平也更高。当然,"只能在城市里找到幸福"的观点,我们也不一定接受,在森林里,人们也能享受满足、充实的生活。尽管如此,格雷泽教授的观点还是符合大多数人对美好生活的理解。

城市的发明,是迷人而且复杂的。一张以色列特拉维夫建城时期的照片完美地说明,城市就是人类聚集的地方。一群黑衣人站在沙漠中,周围只有沙子和骆驼,他们手持着棍子为新城打桩。这个镜头很好地记录了一群特定的人,如何从一无所有中创建一座城市。城市主要由人构成,而不是建筑。当人们无法使用公共空间时,它就不再是一个共存的空间了。

今天,我们常常听到人们谈论城市和一般公共空间的私有化。这样做的结果就是,敏锐的野心家们牺牲他人的利益接管了这些空间。富有的投资者买下了城市中心的房地产,驱逐了老年人和其他阻止他们赚取高额利润的人。这种干扰极大地损坏了一座城市的社会结构。社会不平等不断加剧,使得冲突一触即发。如今,即使是最富有的人也承认,社会不平等对他们自己也是不断增加的威胁。(最新数据表明,世界上26位最富有的人所拥有的财富,相当于占全人类总数一半的穷人的财富的总和。)

什么样的城市才算得上运行良好呢？

如果我们生活在城市里，却几乎感觉不到它的存在，这就证明这座城市的运行一切正常。永远不会遇到障碍、危险或卫生问题，就是我们追求的生活质量。功能完善的城市能为舒适生活提供优质的环境。这不仅关乎经济，还涉及环境、空气和水的质量。（欧洲是这个星球上少数能够放心饮用自来水的地区之一，而在世界某些地区这是不可能的。有些城市的技术基础设施十分匮乏，以致到了崩溃的边缘。）

在人口密集的地方，我们不能依靠政治家和政府部门来确保城市正常运转。在小规模的社区，我们看到传统人际网络持续发挥着重要作用，包括志愿消防队、各种邻里援助计划，以及居民与主管当地事务的主政者之间直接而频繁的接触。但是在城市中，人与人的直接联系正在减少。大多数城市居民更喜欢委托政府机构来解决问题。然而，随着城市的发展，情况变得越来越复杂，这些机构失去了监督和管理的能力，因此需要邻里间的相互支持和公民更加积极地参与到城市的运行和管理中来。让我们想想洪水对人类生命所造成的威胁。如此规模的危机，超过了上千官员所能承受的能力范围，人们都准备好填沙袋才是有效的行动。同样地，我们也很难指望官员们走到人行道上去检查是否有坑洼。这里我们关心的是，如何鼓励公民协作参与城市建设——比如公众参与、众包和承担共同责任等手段。

什么是区域规划？
它是如何运行的？

一座城市是由那些关注自身利益的个人组成的。让我们设想一下，有人决定最大限度地利用自己的土地，在上面建一座摩天大楼，而不考虑这座新的大楼会阻挡隔壁学校建筑的采光。因为很少有人把公共利益放在首位，所以城市管理部门必须协调私人利益，才能防止和化解冲突。管理这些事务的政府部门可以对申请人说：你已经在自己的土地上建了很多东西。这个地区现在的交通已经超出能承受的范围，所以我们的首要任务是修建地铁站来加强交通基础设施建设。让我们共同出资，将资金用在新车站的建设上。如果不这样做，这个地区的每个人都会受到影响。

私人业主往往缺乏远见，不能联系背景看问题。我们认为城市管理部门是监管者，但如果它是发起者，不是更好吗？城市应该帮助人们实现计划和梦想，应该提供激励和引导，而不是拉居民的后腿，否则它将扮演一个负面的角色。有些人认为，区域规划的主要目的是限制发展。这种看法是错误的。一座城市必须不断发展，才能随时应对其居民不断变化的需求。

在全世界的城镇与城市中，每天有1.1万座新的大楼建成（还不算独立的家庭住宅在内）。据推测，到2050年，城市人口将增长到64亿人。非洲增长人口将占到世界增长人口的三分之二。如此一来，大楼的建成率必须增加到每天1.47万座。

城市规划不能只考虑当下。出于这个原因，居民们一致同意制定跨越一代人的时间范围（20—30年）内城市发展应该达成的目标。这一长期愿景被称为战略规划，由当地市政府、州政府或国家政府通过其土地使用规划机构起草。这个机构由城市规划专家、建筑师、社会学家、社会地理学家、能源专家、经济学家、政治家、学者、文化界人士、非营利组织代表和热心市民组成。战略规划主要是一些在区域规划文件中被赋予真实、具体内容的构想。

例如，战略规划指出汉堡应该成为一座音乐之城。在研究了地理学家绘制的城市局部形态图，如河流的走向后，规划者提出这样的问题："音乐之城"具体意味着什么？然后，他们拟定一份城市规划图，在上面标出所有与音乐有关的事物——艺术音乐小学、音乐厅、音乐博物馆等。在规划过程中，抽象的理念逐渐具体化，显示出目前城市中某个部分的不足。在这个基础上可以加以完善，来支撑抽象的理念。上述的分析形成了下面的建议：这座城市的滨水区令人印象深刻，需要配套音乐厅。但是这也引出了一系列问题。比如，新音乐厅对这片区域的发展意味着什么？如何确保有效的交通连接？我们需要建造新的城市中心，还是对现有的城市中心进行提升？这个问题从广义上来看就是：我们想要一座多中心城市，还是单中心城市？

区域规划（分区规划）决定了一座城市中最重要的建筑物的确切位置——如地方和州政府、教育和文化区、交通基础设施等——同时也决定了哪些区域将保留它的自然风貌，哪些地方将建立新的公园。

* 图中英文：喷泉方案

区域规划是由城市规划专家和建筑师们共同起草的。他们给抽象的思想赋予形态，并将这些思想放在空间中思考。其他一些专业人员对规划的最终形式也有发言权，比如建筑部门和政府管理部门的官员，他们掌握着对普通民众保密，比如不

旧城的特色

早在汽车出现之前的许多年，作为贸易路线上的停靠点，旧城就已经存在了。这些贸易线路沿着自然的地形地势，蜿蜒向前。今天，我们依然可以在城市里看到这些原始贸易路线的印记。我们可能会问，为什么布拉格的老城广场不是一个规则的矩形呢？这是因为广场一侧的圆形街道就是沿着原来的行车道建成的。许多狭长的城市广场或购物大道都是在早期道路的基础上简单拓宽而来的。

中欧的城市有很多层次。从形式上看，它从不同的角度表达了城市是如何形成的。几百年来，它有机地成长，平稳发展，过程中没有经历大的中断。即便如此，城市的许多方面依然是残缺不全的，这是历史曲折发展的结果。我们可以看到不同观念的交锋以及社会变迁和技术变革留下的痕迹。

因为受到修建防御工事的限制，历史上中世纪城市的中心面积一般都很小。通常情况下，城市中的建筑会随着时间的推移而不断扩展，这就解释了为什么我们可以看到一栋房屋同时拥有罗马式的地窖、哥特式的底层、文艺复兴或巴洛克式的外墙，以及帝政风格的内饰。每一代人和每一个历史时期都为城市增添了新的层次，直到19世纪末，随着工业的快速发展和普通民众财富的增加，公共环境卫生得以改善（为了公共卫生而拆除了城市的旧区），并且修建了宽阔的现代道路。

能公开标注在地图上的建筑物信息，包括民防避难所、地下医院和其他战略建筑等。在规划过程中，政治家也很重要，他们代表城市做出的决定可能纯粹出于政治角度的考量。（当选的左翼政党在其住房政策中往往优先考虑社会各阶层的融合，而右翼政党则通常更倾向于为富人提供独立的居住社区。）

城市规划结合了自下而上（公民及其代表对城市所采取行动的意见）和自上而下（由当地市政府发起，由市民采取协调或决定性行动）两个过程。这样的规划展示了一种协商的文化——共同寻求解决方案，实现双赢的局面。

20世纪20年代末，功能主义的兴起带来了现代规划的新时代，并与城市的过去作了告别。由于功能主义将历史理解为功能失调的遗物，所以它极力与城市的历史发展和有机增长划清界限。于是单体建筑的逻辑得到认可，并出现了单一功能的城市区。下面就让我们逐一详细地看看当今城市发展中至关重要的问题吧。

城市规划专家

军事战略家

许多城市都有自己的规划师。为了开展咨询，一些城市规划师每个月内要去往较小的城市两次；然而在大城市里，他可能是一个由数百人组成的团队中的一员。

社会学家

经济学家

建筑师

社会地理学家

非营利组织代表

能源专家

公民团体代表

MO
FUNCT
UR
ZONES
O

单一功能城市区

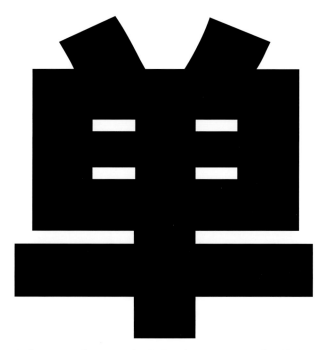

一功能城市区是工业革命和现代主义规划的遗留物。冒烟的烟囱被看作时代进步的标志。但工业的扩张产生了灰尘和异味，加重了城市环境的负担。现代主义者提出了一个革命性的想法：让我们把工厂搬离城市中心，因为它们会破坏城市居住环境。他们将城市划分为若干较大的区域，每个区域都有自己特定的功能。这样就形成了住宅区（居民区）、工业区和娱乐区。城市的住宅区既干净又引人入胜，还有很多公园，充满阳光和新鲜空气。但是，不久之后，这种城市建设的方式对交通和运输等基础设施提出了更高的要求，而且这种方式非常不经济，也被看作不自然的方式。

交通是城市规划的核心，因为它将人们聚集在一起，便于合作。交通对一个城市的运营及其形式起着根本性的影响。大量人员的长途运输是一个大问题，但是内燃机的发明使得这一问题变得容易许多，因此现代主义者们可以将单一功能城市区的想法付诸实践。

19世纪末，富有的芝加哥人在第一条铁路旁建起了别墅和房屋，形成了富有吸引力的住宅区（如橡树园），这些住宅区远离冒烟的烟囱和喧嚣的城市。居民们每天乘火车往返于城市。汽车的发明和普及又使城市发生了截然不同的变化。现在人们开始在更偏远的地方定居，包括以前很难实现的山坡和小山上。

对于20世纪初的现代主义者来说，单一功能城市区代表着巨大的进步。请大家不要忘记，在19世纪，大批穷人为了生计迁移到城市工作，他们通常与子女和年迈的父母住在同一个房间。工厂里轮班的工人们会轮流睡在一张床上。在廉租房里，几套公寓的住户共用一个单独的室外厕所，从院子里的水泵或水龙头取水，然后用地窖里的煤生火做饭。由于污水处理和供水网络尚未分离，疾病很容易在人群中传播，导致流行病。现代主义规划的新住宅区代表了文明的巨大飞跃。现代主义者相信，旧的城市中心是没有前途的，因此认真地开展了环境卫生计划。新的房屋——完美的"生活机器"——将逐渐取代社会问题突出、卫生条件差，并且维护费用昂贵的旧城中心。

在1965年至1974年间，瑞典实施了当时最雄心勃勃的公共住房计划。它被称为"百万计划"，包含100.6万套新城市住宅的建设。应该补充一点，瑞典只有800万人口。在俄罗斯，一半的城市居民居住在微型住宅区。

下一阶段的工作涉及战后由国家控制的城市重建，其目标是一视同仁地为所有人提供优质、健康的生活。这种规划有利于科学决策，造福大众。这种方案的问题是，它不能根据个人需求来建造（和维护）房屋。指令经济（中央计划经济）试图通过大规模建造活动使住房建设更高效、快速和便宜，结果就是建筑的标准化和预制化（也就是在场外生产供大量使用的建筑组件）。不幸的是，这种由中央计划建成的城市很快因为如出一辙而变得千篇一律。

现代主义者所预见的生活水平飞跃被事实证明是适得其反的。尽管第一批（20世纪30年代）和一些战后（20世纪60年代和70年代）建造的住宅质量很高，但在许多情况下，源自这一理论而建造的一批批灰色公寓楼，完全仿效了之前的设计，工艺标准差，空间使用也不理想。从后期建成的住宅的特点可以看出，它们的建设过程缺乏时间、资金、明确的意愿和有能力的建筑师。现代主义规划的良好意图呈现出收益递减的趋势。技术官僚式的建造方法制造出鳞次栉比、平行排列的多层建筑，更多地展现了工程起重机所带来的经济性，而并非居民的实际需求。城市虽然建立了起来，却没有广场、街道和庭院，也没有私有、半私有、半公共和公共空间的明显区分。一些极端案例，如意大利那不勒斯的斯坎皮亚庄园（Vele di Scampia）和美国圣路易斯的普鲁特伊戈（Pruitt-Igoe），因为对出现的问题无计可施，人们不得不将这些建筑拆除。有能力的居民搬到了城市的其他地方居住，结果住宅区变成被帮派控制的贫民窟，犯罪率高到警察都不敢在那里露面。由于政府无力干预，房屋最终沦为废墟。最后，拆除成为解决问题的唯一办法。

尽管如此，世界上许多现代主义住宅区其实都维护得很好，而且拥有不同社会背景的居民，与市中心良好的交通连接，以及全方位的服务。由于其自然环境、安全性以及经济性，这些地区的公寓深受年轻家庭的追捧。严重的问题往往只发生在地理位置较为偏僻和失业率较高的地区。

BRO

FIE

LAN

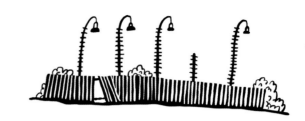

WILD

棕地

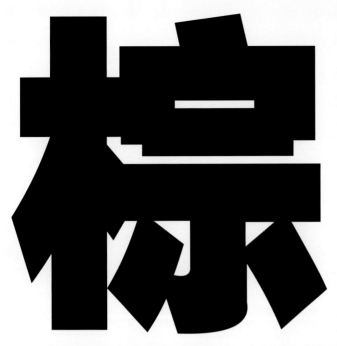

棕地是指在一个城市中以前被开发，但目前未被使用的土地，通常是市中心被遗弃和被忽略的区域。由于工业结构调整、经济转型、技术进步和社会需求的变化，这片土地曾经有过一定的用途，但现在已经不再需要了。相比之下，"绿地"则是指完全未被开发的土地。由于棕地的土壤可能被污染，所以必须对其进行修复，必要时甚至要将废弃建筑物拆除。整个更新的过程代价高昂，而且随之而来的立法负担（对土地的使用权和所有权的改变）可能会让投资者望而却步。然而，在城市生命周期中，这是一个自然的、反复循环的过程。

在19世纪，棕地的一个代表性例子，是被拆除的城墙沿线的大片土地。以巴黎为例，棕地围绕着内、外环宏伟的林荫大道和"元帅大道"（Boulevards of the Marshals）展开，后者曾是这座城市的防御工事。由于征战止息，许多城市的防御工事被拆除，取而代之的是一条新的城市带（维也纳壮观的环形大道也有一部分建于曾经的防御工事上）。城墙的拆除为这座城市提供了紧邻历史中心的独特、广阔和具有战略价值的土地。出于卫生原因，有必要将墓地迁移到城市边缘，这些昔日的墓地成为18世纪重要的棕地。教堂周围腾出的大量土地被市政府用于修建新的公园和建筑物，或者作为房地产出售。

今天的大部分棕地都掌握在工业、军队或铁路部门手中。由于社会偏好、出行要求和组织方式都发生了变化，在城市中心修建大型火车站的做法早已过时。火车已经变得更高效，而且作为常规运输方式，也变得更加灵活和多样化。据我们了解，已经没有必要为每一次接续设置独立的站台，让静止的列车等待乘客。为什么要建一个大部分时间都闲置的大型火车站呢？如今，因为有了现代信息技术和带自动门的无障碍列车，每天都有数十辆列车在同一个站台进站，每隔几分钟就有一趟。

城区密度不断增加，因此需要在空间使用和现有结构的不断更新上做出艰难的决定。拆除并不总是解决问题的办法，有时为现有建筑赋予其他用途是更好的选择。例如，通过这种方式，我们可以对一个废弃的火车站进行改造，使其显现有趣的城市特征，从而改变它长期以来作为城市发展阻碍和心理障碍存在的状态。这一变化可能使其成为一个具有独特氛围的新开发项目（一个蓬勃发展的社区）的核心。

城市再生的典型案例：毕尔巴鄂的古根海姆博物馆，为2012年奥运会所建的体育中心，伦敦码头区，汉堡港口新城。

如今，不仅单一功能的城市区域被限制在过去的规划里，单一功能的城市街区和技术基础设施也是如此。实际上，以拥有一系列石拱建筑的铁路高架桥为例，在单纯的交通功能之外，还可以增加公共服务、商业和文化等其他用途。这种多功能开发项目已经出现在维也纳、柏林和纽约的市中心。

每一块棕地都是规划者之前没有纳入计算的土地储备，因此也代表着城市发展的新机遇。这就好像在城市中心发现了隐藏的宝藏。

URBAN

城市郊区化

市郊区化的趋势——中产阶级逃往城市边缘的庞大住宅开发项目——既反映了居民对城市经营不善、功能失调的失望，同时也反映了居民对更高生活水平的渴望、对汽车交通的支持，以及开发商和抵押贷款机构的巧妙营销。这个过程缺乏逻辑性，与城市之所以成为城市的本质背道而驰。这是通过承诺将人们置于更高的社会水平并提高生活质量，对人们的梦想进行操纵。尽管抵押贷款广告让一切对于贷款人来说都是那么具有吸引力，但郊区化进程的最大受益者是银行、建筑协会和房地产开发商。银行自己也通过线上或印刷的途径，投放颇具吸引力的郊区住房广告。人们的梦想往往不符合日常的现实，这一点可以用美国青少年使用的"郊区地狱"这一说法来概括。

对正处于转型期的国家而言，这可能是对于过去经济困难时期的极端反弹（这一现象目前正在消退），当时人们被迫住在邻近的预制建筑里，几乎没有隐私。一旦摆脱这种束缚，他们就梦想着拥有丰富多彩的私人天堂，在那里一切皆有可能。

* 图中英文：买一栋你不需要的房子，让自己一生负债。

城市郊区化

郊区化趋势是因为历史城市中心区的生活质量不佳而产生的负面影响。发生城市郊区化现象，责任主要在于城市。人们逃离城市中心，是因为他们想得到城市中心无法提供给他们的东西，比如隐私、安全、个人所有权和经济负担能力。如果一个城市充斥着汽车、噪声和灰尘，孩子们放学后没有玩乐的地方，那这座城市就出现了问题。

全球平均上班通勤时间为41分钟。芬兰和瑞典是21分钟。北京的平均出行时间为52分钟，不过一些上班族要花更长时间才能到达他们的目的地。

在郊区修建的大量独立住宅，已经扩展到国家财政不提供支持的房屋类型。遗憾的是，最近迅速蔓延的低层建筑与整体景观在很大程度上是不协调的。"二战"前欧洲的"花园城市"通过火车和电车线路与城市中心紧密相连，但今天的城市郊区化却忽视了这些解决方案。这种忽视对于能源消耗和交通基础设施提出了很高的要求，但其实它是不符合经济性原则的。其结果是，单一功能的水平住宅开发缺乏市政设施，只能依赖于汽车交通进出城市。因为人烟稀少，这里不仅不适合建设公共交通连接，而且相对稀少的房屋还占用了原本更适合发展娱乐和农业的土地。

高质量的城市环境可以创造就业机会，加强社会联系，还能提供高水平的流动性和各种服务。但在一个稀疏、松散的建筑开发项目中，我们很难看到这些。事实上，这里的许多居民（尤其是儿童、老年人、行动不便者和"绿寡妇"①）发现自己在社会上被孤立了，他们可能因此感到沮丧和孤独。对这些人来说，买一个面包或步行上学可不是一件简单的事。基础设施和服务供应的不足，导致生活中的一切都变得极为不便了。

稀疏分布的住房在公用设施、道路维护和垃圾收集方面成本巨大。一栋独立的房屋比同等大小的公寓房屋多损失80%的热量。碳足迹（对全球气候的负面影响）随着供暖和制冷成本的增加而增加。因此，与城市公寓相比，住在看起来更为健康的郊区会给环境带来更大的压力。我们甚至还没有提到高峰时段发生在连接城市和郊区道路上的交通堵塞。

---

① 译者注：绿寡妇（Vihreä leski / Green widow）源自一部芬兰电影，剧中主人公Helinä厌倦了她单调的生活——每天围绕着她年幼的孩子，而她的丈夫却在外面做生意。在发廊里，她遇到了其他失意的家庭主妇。她们一起找到了一个办法来解决这个问题。

城市郊区化

工业园区

RIAL

RKS

A UNIVERSE
LIKE PLATO'S CAVE

到最近，主要依赖重工业和制造业的城市仍旧是烟尘和污染的代名词——这种状态与美好生活的理念格格不入。实际上由于政治变革和科技进步，我们现在生活在拥有信息、服务和清洁能源的后工业社会。这些变化让城市人口能够生活在工作地点附近。时至今日，公寓楼与银行、保险公司或软件产品公司的办公室比邻而建是很常见的。

工业园区

由于城市的大多数居民从事服务业工作，当今的现代城市已经没有理由去建造大型工业区。在很大程度上，"污染"的重工业已经转移到城市范围以外的工业园区，甚至是劳动力更便宜、安全法规更宽松的发展中国家。如今郊区的农业用地通常被重新用作转运点和工业物流园区。巨大的仓储空间不再位于城市或其邻近地区，因为其操作基本上是自动化的，所以只需要很少的员工。它们往往位于公路的主干道上，与人口密集的城区相比，那里的交通拥堵和其他限制的约束是最小的。

互联网和物联网的发展使我们养成了线上购物的习惯。线上销售的增长使货物仓储设施的价值与收益超过了传统的购物中心。经济学家认为这会是房地产市场的一个转折点。

位于城市之间的土地已经成为物流中心的领地，也是城市间货物运输的战略出发点。就价格而言，这些开阔的土地很有吸引力，尤其是因为农业用地可能缺乏法律保护，包括对交通的限制。欧盟实行严格的安全法规，卡车司机每天的驾驶时间不得超过9小时。只要看一眼欧洲地图，我们就会发现处于欧洲中心的国家拥有显著的战略优势，因为它们的物流覆盖了欧洲大陆的大部分地区。这些国家正在成为当今的物流中心，他们运送的许多货物并不销往本地市场。

自动化物流中心、自然能源生产设备（如风力发电场、太阳能电池板）、服务器农场和农业机器人技术的应用将共同塑造未来的城郊区域。

工业园区

SPAR
POPU
CITY

SELY
LATED
ES

人口稀少的城市

人口密度的现象与人口稀少的城市有关。人口密度影响并在一定程度上决定了城市的效率。城市规划的断层和空白使城市管理成本更高。由于公共事业和基础设施的维护成本高昂，在财政资源匮乏的地方，城市存在崩溃的风险。

对于一个城市来说，低密度住宅是不经济的。一个由3栋建筑组成的街区与一个由50栋建筑组成的街区一样，都需要安装和维护下水道和其他公用设施，这使得前者的运营成本要高得多。人口越少，人均成本就越高，因此公共财政的压力就越大。为一个人口稀少的城市提供有效的公共交通系统是很困难的：因为居民太少，在财政上是行不通的。因此，城市或居民必须在费用方面进行补贴。

在20世纪，与经典城市街区规划互相矛盾的是，适用于城市景观建设的建筑立法倾向于支持现代主义的要求，即建筑物之间需有开放的空间和自然采光。因此在很多案例中，导致了维护不善、人口稀少的城市出现。矛盾的是，城市中空旷的开放空间造成了一种障碍。这种对土地的不良利用往往会导致缺乏衔接感的巨大空间（与传统的街道和广场相反）。欧洲的主要城市，如柏林、慕尼黑、维也纳、苏黎世、布拉格、阿姆斯特丹和哥本哈根，其建筑法规在许多方面都与本国其他地区的法规不同。这些法规决定了对城市发展至关重要的细节，如街道线的绘制、建筑线和高度限制。

关于建筑密度的立法对城市的未来会有什么影响呢？华沙和柏林的人口密度分别为每公顷33人和39人，人口十分稀少（维也纳人口密度约为每公顷41人，米兰约为每公顷73人。每公顷100人被认为是最优密度）。广受欢迎的巴塞罗那和巴黎的人口密度分别为每公顷163人和212

在城市发展中，过多的公园增加了交通距离，增添了交通需求，并给城市预算和环境带来了负担。

人，布拉格传统公寓区的人口也同样密集。在美国，只有纽约的曼哈顿有类似的人口密度。在该市郊区的卫星城（由建于花园中的独立式住宅组成），人口密度仅为每公顷10人。

在人口稀少的城市社区中，每公顷城市结构的公共支出（按每人每年计算）是人口密度极高的城市社区的5倍。人口稀少的城市效率很低。在经济困难时期，它们会迅速破产，就像我们看到的美国底特律那样。

人口稀少的城市

SHRII
CITT

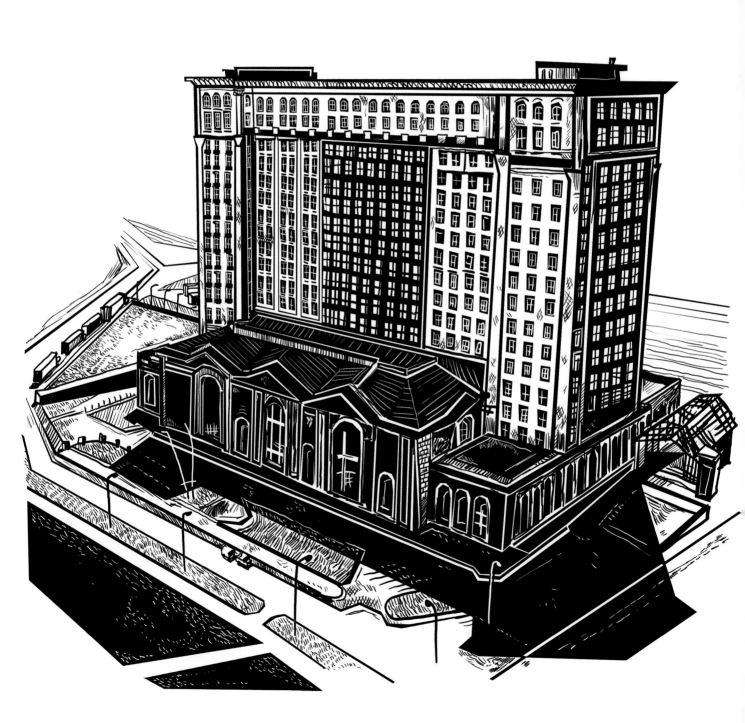

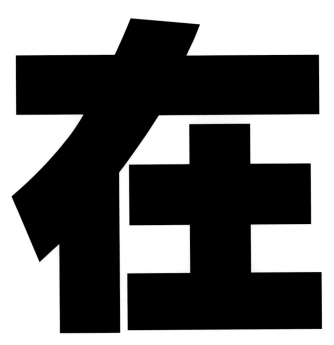**在**发达国家，人口增长停滞或下降是一个普遍现象。一方面，人们移居到运行良好的城市；另一方面，人们离开管理不善的城市，那里的人口自然减少。管理不善的城市在教育和就业机会方面都会有所下降。低收入和低购买力也导致商品和服务的供应有限。房地产价格停滞不前。建筑物仍然空置，年久失修，逐渐被拆除。在一个功能失调的城市，商业单位找不到租户，新的建筑几乎不存在。公共预算越来越少，但城市的维护和运营成本却越来越高。

为了避免陷入困境而破产，停滞不前的城市必须通过缩小规模来应对未来，以免降低居民的生活质量。实现这一目标的措施包括和更成功的区域中心之间建立频繁和高质量的交通连接，以便通勤上班或上学，从而消除部分落后城市的居民想要改变居住地的需求。

欧盟超过一半的城市受到收缩过程的影响。这种现象同样出现在乌克兰、俄罗斯、美国、日本和澳大利亚。

通过将自由空间开垦为农业用地，一些收缩城市的部分地区正在回归自然。一座城市通过集中在交通轴线（如有轨电车线、城郊和通勤列车线）上，实现智能化收缩。通过这种方式，即使城市变得更小，但仍然保留了城市特征。

另一种解决方案是将人口稀少地区从共享的基础设施网络中部分断开。那这部分地区就需要钻凿私人水井，改进雨水使用设施、使用光伏屋顶板、对家庭有机废物进行堆肥，市政当局也要支持分配菜园和当地自行生产的食物，并鼓励居民在家工作。日常生活的大部分花销和关注点都转移到了居民身上。尽管这种分散的解决方案会让个人承担更大的代价，并使他们因当地环境的变化而面临更大的风险，但这可能会是最稳定和可持续的方法。

我们通常认为，一座城市与其周边的乡村和更广阔的地区是分离的。然而，随着今天交通系统的发展，城市已经延伸到其郊区交通线的最末端。这也使尽可能多的居民可以从城市最边远的居民点舒适地前往中心区。有固定时刻表的通勤铁路线使乘客出行变得更加简单和充满吸引力。

巴塞尔（瑞士）通勤铁路线的终点分别设在法国的米卢斯和德国的弗莱堡。在讨论关于柏林的战略计划时，有人建议让这座城市始于纽约，止于伊斯坦布尔。当然，这不仅仅是指交通连接，它还涉及文化、贸易和经济的联系。柏林有庞大的美国人和土耳其人社区，这些联系是不容忽视的。我们也可以说，伦敦始于孟买，止于拉各斯。伦敦、纽约、多伦多、悉尼、新加坡和圣保罗都是世界上种族最多样化的城市，这些城市都有200种以上的语言。通过在全球范围内思考，我们可以利用文化财富来促进我们城市的发展。

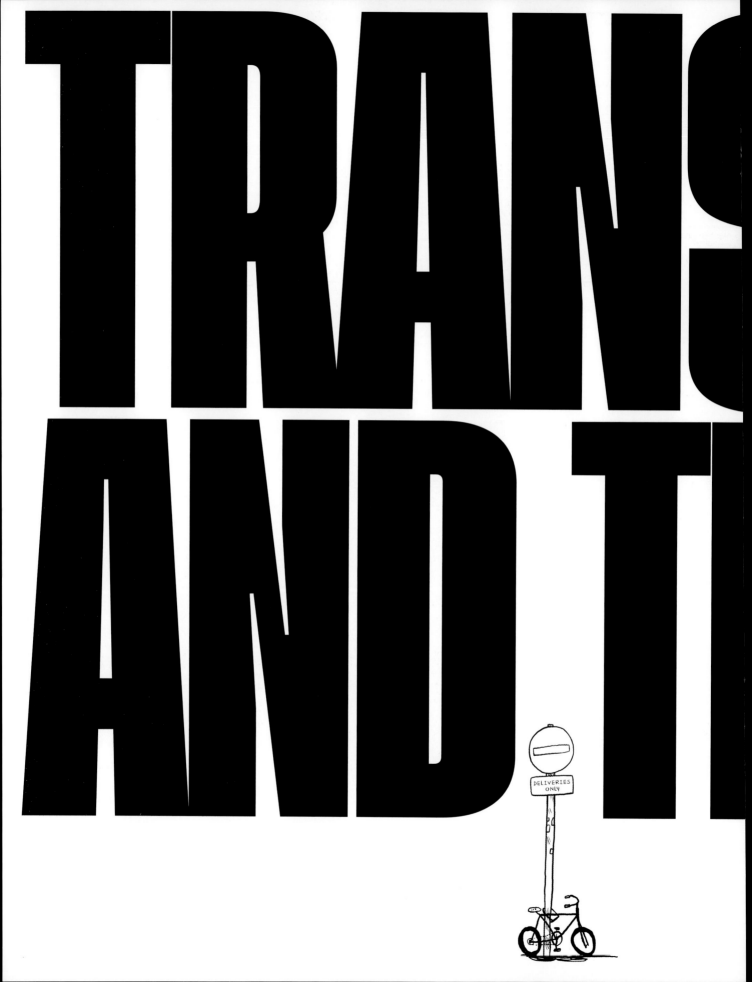

SPORT
RAFFIC

交通运输

50x

||

||

||

动性——也就是人员、货物、能源和信息在城市内部和城市之间快速、经济地流动——是任何城市中心繁荣的关键。今天的流动方式决定了城市的未来，选择何种城市交通工具对我们的生活方式有重大影响。交通方式调节着我们对距离和空间的感知。如果我们相信媒体广告的宣传，那么拥有私人汽车就代表拥有个人自由。然而实际上，城中的汽车不仅无法改善流动性，反而会减少流动性。更不用说噪声、灰尘、有害排放物等对使用者和其他居民身体健康造成的负面影响，以及汽车造成的交通事故了。让我们详细了解一下交通和运输的问题。

步行交通

人类从幼年开始就能行走。然而，在今天的城市里，人们似乎在重新学习走路。有些人已经忘记了在城市里行走是什么感觉。有些人想走路，但条件不允许。现代城市有很多障碍，<mark>许多元素不再以人的尺度运行</mark>。宽阔的高速公路、大型停车场、嘈杂而危险的交通、远距离以及充满障碍物的人行道，使得步行去任何地方都变得非常困难。

美国人平均每天步行3.6千米，印尼人平均2.6千米。运动活跃人口和不活跃人口差距越大的国家（如美国和沙特阿拉伯），居民的肥胖程度越高。在为行人考虑和善待行人的城市里，人们能够更多地步行。

在20世纪60年代和70年代，当功能主义思想占主导地位时，交通被不同层次的互通式立交划分开来，其中包括人行地下通道和天桥。由于实用性和技术性的原因，繁忙的交通和物流供应在地面运行，这往往导致环境变得很脏。这种设计的目的是让行人在高于地面一层的高架步行购物街上活动，沐浴有益健康的阳光，呼吸新鲜的空气。然而在实践中，这种规划给行人流动造成了不可逾越的障碍。事实证明，分隔式交通既不方便又不切实际，而且带来许多问题，并丑化了城市景观。今天，因为城市互通式立交下面以及周围的环境有碍观瞻并且是危险的，且对城市空间完全不利，我们正以高昂的代价对其进行拆除。一座城市必须努力在各方面追求高质量，否则即使居住地建设令人印象深刻，但周边配套服务设施却让人厌恶，这还有什么意义呢？

在街道规划中，我们优先考虑行人的无障碍通行，其次是骑自行车的人和公共交通。在城市居民区，汽车应该处于从属地位并受到限制。过去，许多城市通过降低红绿灯处的路缘带来修建一个斜坡，使人行道和道路"无障碍"连接。虽然这确实可以使行人无障碍通行，但仍然优先考虑了汽车交通，把行人降低到了次要地位。20年前，这种交通控制的方法被认为是最先进的。然而现在，我们要承认行人的脆弱性，以及其拥有在城市中不受限制地行走的权利。现在，汽车从与人行道并行的辅道汇入车流。司机必须尊重行人的需求，而不是行人尊重司机的需求。

今天当我们在城市里漫步时，我们注意到路边需要更多的树木。在炎热的夏日，沿着没有绿荫的街道行走并不是一个舒适的体验。过去，人们习惯在路边植树，为行人、乘坐马车的人和动物提供阴凉。而今天所有的汽车都装有空调，路边的树木被看作一种障碍，以及发生事故的潜在原因。许多开车的人支持砍伐树木是因为他们并不需要。即便是行道树的种植，也有其技术上的重要性和高度的功能性。

骑行

与其他交通工具一样，自行车也是一种城市规划工具。首选何种交通工具将影响城市未来的形态。我们希望自己的城市是更方便驾车者、骑自行车的人还是步行者呢？这不仅仅是用我们喜欢的方式穿行于城市中那么简单。我们的选择也会影响我们对整个城市的想法，出行方式会影响我们对空间和距离的感知。如果我们更喜欢步行或骑自行车，我们就不想在城市的另一端找工作，如果可能，我们会在步行可达的距离内就近找工作。如果我们不反对每天开车50千米去上班（这会花费很多时间开车），我们对城市的看法将大不相同。我们考虑住在离市中心更近的地方，虽然花费更高，但不需要来回奔波；否则就要在远处找更便宜的住房，并且耗费更多的通勤时间。

出于政治和社会原因，城市规划往往是一场对空间的争夺战。通常，骑自行车出行是对城市有益的，因为这不会占用太多空间。有种观点认为城市里没有空间让人骑车，这是错误的。就像过去城市没有为汽车通行做好准备，现在则一切都已就绪。有什么可以阻止我们在城市规划中加入自行车道呢？此外，自行车与公共交通不同，我们能直接把车骑到家门口呢。

城市公共交通

尽管世界上许多地方都拥有发达、可靠的公共交通网络，但它们还没有达到理想状态。城市公共交通实际上有许多障碍，使得许多人乘坐不便。传统交通系统从未考虑过更多使用低地板式公交车和无障碍站台会促进行动不便的人使用公共交通，车站的路缘石应与低地板车辆的地板高度一致。否则，乘客从人行道上走下来，然后再登上较高的公交车，要克服上和下两个潜在危险。

如果一辆有轨电车或一列火车在每一站延误10秒，那么整条线路最后就会延误好几分钟。为了让乘客更有效率地上下车，车门的数量是一个重要的影响因素。交通路线的规划者还必须规划出足够的站点，让乘客尽可能地接近他们的目的地，当然每多一个站点就意味着目的地更远的乘客需要花费更多的时间。这就是为什么不同的交通工具有不同的停靠频率。

有些交通工具很准时，但舒适性不好。在非常炎热的天气里，人们几乎无法乘坐没有空调的地面交通工具。车次不多、座位不足也是问题。要是远距离出行，还没有座位，谁还愿意选择公共交通呢？既然所有人都付车费，为什么有些人没有坐的权利？如果开车出行，起码保证有空调、有座位。城市公共交通必须快捷、准时、舒适，有足够的座位，有微笑等待乘客的乘务人员，只有提供所有这些，才能让城市居民放弃汽车而选择公共交通。

东京的地铁系统是世界上最繁忙的。它每天的载客量高达870万人次，真令人难以置信。然而这仅仅是东京轨道交通乘客总量的22%。每天有4000万人乘坐地铁、火车和有轨电车在这座城市中穿行。

汽车

　　每一种交通工具都会改变一个城市的形态。城墙被拆除后，城市往往沿着铁路线发展。后来电车把人们带到市中心，城市就沿着有轨电车的路线发展。在汽车出现之前，很少有人会将私人住宅建在远离重要交通枢纽的地方。然而汽车普及后，人们就开始在远离城市的地方购买土地。随着汽车成为城市规划中的一个因素，城市便开始在土地上蔓延开来。

　　在城市空间承载能力达到极限之前，一切都运转正常。而到汽车数量增加造成交通拥堵、所有停车位都被占用时，情况就发生了变化。这个时候，城市规划者重新介入。他们确认汽车对城市交通网络不仅无益，反而阻碍了其发展。城市的膨胀正在失控，汽车既嘈杂又危险，正在破坏环境。但最大的问题是它们占用了大量空间。

　　我们每天最多有10%的时间在使用汽车，其余90%的时间汽车都是停着的。一辆车可能需要几个停车位：一个在家里（汽车将整晚停驻），一个在我们工作的地方，一个在购物中心，另一个在体育中心，等等。尽管汽车在这些地方来来往往，但必须始终有足够的车位。巨大的停车场和通往停车场的道路，使得城市中的距离被不断延长。

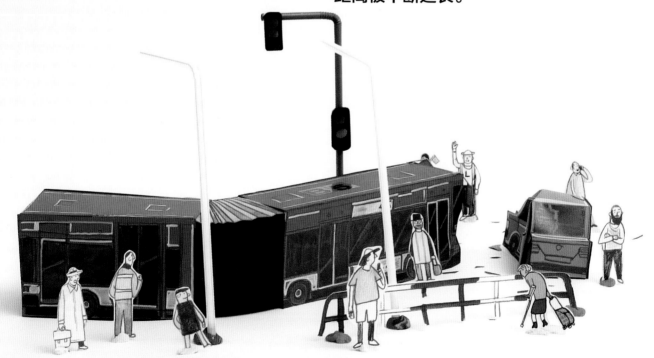

当然，这样的结果就是要拓宽街道和修建更大的停车场，来容纳所有的汽车。没有车的人发现自己无法到达想去的地方。城中的距离远到无法步行前往。那些原本愿意过无车生活的人也不得不买车。于是交通变得越来越拥挤、缓慢。停车场再次爆满，城市再次膨胀。我们意识到，所有这些新的基础设施投入是不可持续的，城市缺乏资金来进行维护，更不用说在改善居民生活方面进行其他投入。

然而，这一恶性循环不可避免。当我们坐在车里的时候，我们与城市没有直接的身体接触。因此，城市的生活开始受到影响。行人对车流繁忙的街道失去了兴趣，迫使街边的商店关门。空调汽车不需要树木和阴凉，且我们需要更多空间容纳汽车，于是便砍伐了树木。现在街道上的温度变得越来越高，使行人在盛夏时节无法忍受。此外，沥青路面不能吸收或蒸发水分，大雨过后，水很快就排走了，导致从未发生洪灾的地方风险等级升高。

之前的城市中心并没有为汽车的出现做好准备。市中心的人行道和道路狭窄，停车场太小，无法容纳高密度的交通。由于技术原因，在城市的历史中心修建地下停车场非常困难（这需要破坏老房子，有时还要破坏长有古树的庭院，许多人认为这是对城市的侵犯）。显而易见，车辆占用了太多城市空间。汽车在90%的时间里都是闲置的，这本身就是一种阻塞。

解决交通空间需求的方法不在于电动汽车。无论哪种类型的汽车都是城市公共交通的障碍，都会降低交通效率。汽车交通基础设施建设和维护的成本将持续存在，从而使城市规划没有资金用来投入行人和自行车的交通基础设施，或是建设高质量、通畅的城市公共交通。

在新西兰，每1000名居民拥有837辆机动车。这一数据超过了德国（561辆）和孟加拉国（4辆）。

多模式交通

　　禁止汽车进入市中心是管理不善的城市所能采取的最后手段。运行良好的城市则为居民提供除驾车以外更好的出行选择。多模式交通系统并不禁止使用汽车，而是提供了多种选择。这些选择所带来的好处促使我们把车留在家里。我们的出行选择取决于环境。如果下雨，我们可能乘坐共享汽车或出租车出行，我们可能会遇到交通堵塞，但至少不会淋湿晚礼服。第二天，如果我们想锻炼，那就骑自行车。如果需要收发电子邮件，那就在城市公共交通上处理。这些选项没有优劣之分，或多或少都会对城市产生一些影响。不过选择越多，对自己和对城市都越好。

物流

　　在交通运输规划中，仅考虑到人是不够的。城市的商品和食品供应是一个重要的问题，垃圾的收集和回收也是如此。一个城市的消费方式决定了它的形态和交通状况。从本地面包师那里买来的新鲜面包可以直接用手拿着带回家，但每周一次去城郊的购物中心进行采购，就不能靠步行了。得益于新的选择——特别是在线应用程序、送货服务和取货点——购物习惯正在发生根本性的改变。人们到（远离市中心的）购物场所大量购物的情况正在缓慢逆转。如今，小型车辆从城外的仓库出发前往城内。许多餐馆使用骑自行车甚至步行的快递员送货上门。一些人预言，大型购物中心将很快变为仓储和物流中心，货物将通过匿名的、无人驾驶的车辆，甚至是无人机送达客户。这些新技术在我们现在看来可能像科幻小说，但历史已经证明，每一种新的交通形式都会对城市的形态和外观产生巨大影响。那么现在，我们如何才能打造一个面向未来的城市呢？

DELIVERIES

航空和铁路运输

越来越多的东西——主要是新鲜农产品——通过航空来运输。由于城市机场会产生巨大的噪声，因此一般都将其建在远离居民区的地方，并通过快速铁路系统与城市连接。

铁路是我们城市的交通干线。购物大道从火车站出发，连接现代交通基础设施和城市的历史中心。在19世纪末和20世纪初，铁路连同车站一起构成了城市规划发展构成中的消失点。现在，铁路运输正经历着一场复兴。车站被重建为集运输、购物、管理于一体的多功能终端。它们是新的城市中心，地理位置优越，日人流量巨大。由于高速列车的改进，亚洲和欧洲的铁路现在正与航空运输展开中程路线的竞争。

80%的运输货物从城市开始，或以到达城市为结束。货物运输所产生的温室气体占交通运输行业温室气体排放总量的40%。卡车占交通量的10%，但是造成了占四分之一的致命交通事故。随着网上购物和送货上门业务日益普及，我们预计到2050年，城市货物运输量将增加3倍。

电梯

　　电梯对城市发展产生了巨大的影响，这也许令人感到惊讶。许多古老的城市建筑有5层楼，这是爬楼梯就能舒适到达的最高层数。如果你观察宫殿建筑和大型联排别墅的外立面就能清楚地发现，一楼和二楼往往是最为华丽的。这两个楼层有阳台和更奢华的粉刷墙壁，以及其他雕刻装饰。由于较高楼层较难到达，因此价格较低。底层还具有一定功能性，通常有商店进驻。电梯的发明则彻底颠覆了优质住宅的概念。因为很容易到达，更高的楼层变得更为优质，这意味着更高的声望和价格。得益于电梯，建筑和城市开始向上发展。在高处，风景更好，更加远离街上的噪声。

数据技术和其他技术基础设施

　　我们已经习惯于随时随地上网。然而，并非每个地方提供的网速都相同。一家十分重视高质量数据连接服务的公司，在确定设立办公室地点之前，必先研究显示数据连接和网络速度的地图。理想情况下，核心网络将采用光纤电缆。尽管城市的数据基础设施和信息流不可见，但它们就像供水、排污、电力网络和联网系统一样，同样影响着城市的形态。无线连接和移动电话网络用户产生的数据云是构建未来的原材料。实时挖掘、提供和分析数据的智能应用将使未来的智能城市管理更加有效。更进一步的工作，是开发对于技术提供商而言至关重要的所有权垄断与个人用户数据（通常是敏感的）处理的方案，支持通用应用（公开数据）对公众数据进行匿名访问。所有人都可以访问涉及交通、社区、房地产、安全等领域的新型城市移动应用。

网速最高的50个国家中，有37个位于欧洲。在也门，下载一部5GB的电影需要30多个小时。

交通运输

ENVIRONMENTAL DEGRADATION

RON
TAL
RA
ITAL
NRA

环境恶化

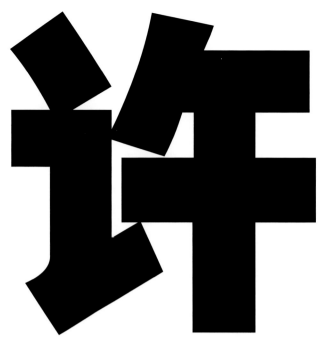**许**多调查以及房地产市场都清晰地表明，人们喜欢居住在栽种了树木的街道两旁。人们更愿意花时间待在有绿色植物的公共空间里，这会让人觉得心旷神怡。树木增强了当地的吸引力，进而影响到该地的房地产价格。我们愿意在有吸引力的地方花更多钱，这就促进了经济发展。街道或地区对树木的投资会得到数倍的回报。

环境恶化

硬化路面、城市微气候
与全球气候变化

树木对微气候有积极影响：它们蒸发水分，降低温度，从而冷却周围环境。树木是天然空调，能提供有效的阴凉。落叶树是理想的选择：冬天没有叶子，阳光透过，带来明亮和温暖；夏天，叶子使街道和公寓保持阴凉。树木是简单而精巧的天然空调。树木的地下部分能够蓄水，这一好处越来越受到人们的广泛重视。理想情况下，路面下的小型树木蓄水箱能够收集雨水，这是硬化的沥青路面无法做到的。在干旱的日子里，树木可以利用这些地下蓄水箱的水源。与此同时，树木蓄水箱显著降低了城市雨水排水系统的压力，因为仅靠雨水排水系统有时无法应对暴雨天气。可见，树木蓄水箱也是一种有效的防洪措施。

如果既不降低城市能源消耗，又不转向生产可再生能源（特别是生物质能、太阳能、风能和地热能），那么在街道或社区层面的植树或改造都不能使我们免受恶劣天气和气候环境的影响。目前，城市消耗了世界上75%的能源。城市产生的温室气体占全球总量的75%，导致全球变暖。为了避免气候灾难，我们不仅需要限制新开发项目的能源消耗，还必须大幅降低现有项目的能源消耗，如限制和降低建筑物供暖和制冷（占总能耗51%且只有十分之一来自可再生能源）、交通运输（占总能耗32%且只有三十分之一来自可再生能源）以及电力（占总能耗17%且只有四分之一来自可再生能源）方面的能源消耗。但是，我们如何才能在建设城市的同时降低能耗、减少温室气体排放呢？以及我们如何对现有建筑存量进行智能化再利用呢？

树木可使城市气温降低5.5℃。在一天中，一棵树能蒸发100升水冷却周围环境（相当于空调耗电70千瓦时降温）。夏天，一棵树以每小时7千瓦的功率降温，相当于大功率空调给一套三居室公寓降温十几个小时。

环境恶化

保护植被覆盖的地带

许多国家都制定了简明的法规来规范对自然环境要素的保护。土地所有者不能随意在土地上进行建设。许多情况下，建设用地的百分比是一个确定指数，指定了需要保留的绿化用地系数，该系数是通过扣减硬化路面的面积得出的。例如，在安静的住宅区，只有30%的土地可用于建设。因此在城市公寓内庭进行过度建设的做法，对投资者的吸引力越来越大。但是这样发展的结果是大大降低了城市的生活质量：其改变了当地气候，加剧了水资源管理问题。

许多土地资源紧缺的城市提倡进行屋顶绿化和外墙绿化，以解决某些社区缺少公园的问题。因为购买土地建设新的城市公园是难以实现的，而住宅楼的绿色屋顶可以蓄水，保持屋顶下的公寓凉爽，并有助于改善当地的微气候。

河流是城市重要的绿色走廊

河流是自然与城市结合的典型例子。城市是鸟类、昆虫、小动物（这些动物在城市中迁徙）以及人类共同的家园。河流包含丰富的植物群，是城市自然生态系统的支柱。河岸是渗透在城市中的天然地带。但是一些河岸已被人为改造，例如在巴黎，尽管河流与许多公园、果园和岛屿形成了自然网络，但在铺砌的堤岸上几乎没有自然的痕迹。

河流的自清洁过程需要空间和天然河床。过去，通过混凝土走廊来调整河流的自然流量和路径十分常见。在没有自由曲流的情况下，将河流引向笔直而狭窄的河床会增加洪灾风险。如今，一些公园的建设初衷就是作为泄洪区，在干旱季节，这些公园也可作为运动场。其他一些城市公园，比如哥本哈根的措辛厄岛配备了临时储水池，可储存附近建筑和街道的雨水。在这样的土地上，水能自然地被吸收、蒸发或流动，从而减少暴雨的影响。水资源管理——处理水资源的过剩、短缺和消耗的问题——对今天的城市至关重要。城市正成为文化景观的自然部分，体现人类活动与环境的共生关系。

NEGL

PUBLIC

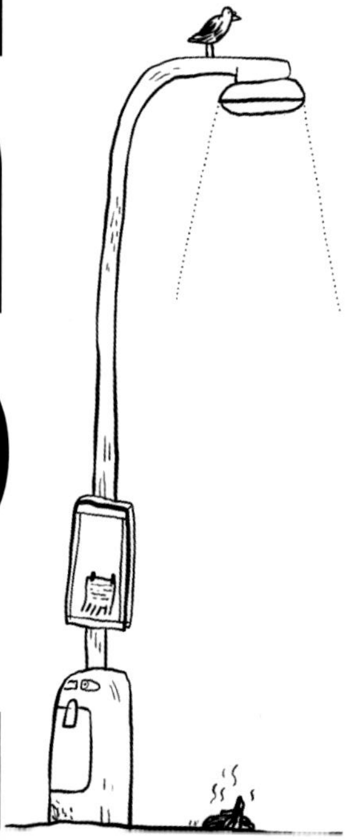

S

CT OF

PACE

忽视公共空间

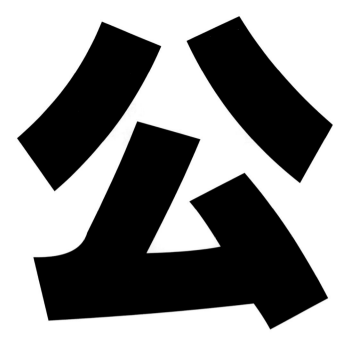

公共空间是一个向所有人无差别开放的空间。它由市政当局、地区或国家所有。公共空间可以是室内的，也可以是室外的。它包括公共机构的场所，如图书馆、学校和政府机构等。当我们提到"城市公共空间"时，我们通常指城市的广场、街道、通道、购物中心和公园等。

基础设施和相关项目的不足

一些城市的地面规划所包含的公共空间超过了当地政府能够有效开发的范围。由此产生的疏忽导致了一些区域脏乱差，而且缺乏基本的城市设施，尤其是长椅、饮水机、运动场和球场，以及针对儿童、年轻人和老年人需求的特定区域。公园没有便民公共设施，没有饮用水，也没有维护良好的公共体育设施、商业中心、烧烤或遛狗的区域。

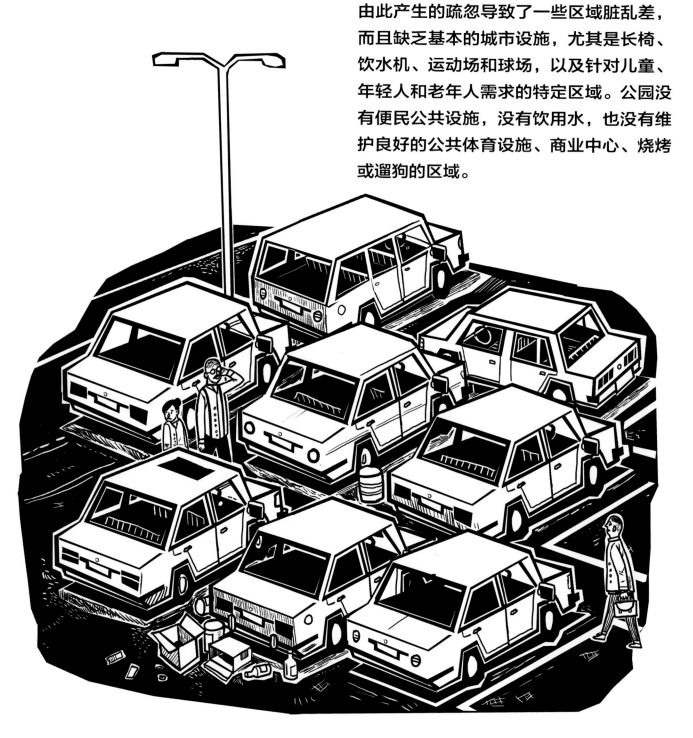

城市的最佳人口密度是每公顷100到200人。

由于我们对汽车的长期偏好，城市公共空间中出现了许多难以解决的困难与问题，例如位置不好的道路交叉口、天桥和地下通道、人行道太窄且不知通往何处，又或是过宽的道路、行人过街处的红绿灯等待时间间隔太短、车辆停放混乱。同样地，在冬季没有清除干净的积雪也可能成为问题。

城市需要自我审视，还有多少剩余空间具有经济价值、便于管理，有多少公共预算可以投入公共空间中。人们很容易相信，公共空间越多越好，但事实并非总是如此。维护公共空间的费用昂贵，而且城市居民的需求也在迅速变化。广场曾经是充满活力的集市，现在却有了第二个用途——停车场。公共空间的作用已转向私人用途，这对公共生活没有任何附加价值。

街道、集市、广场、公园和运动场的公共空间应占总空间的30%。这些公共空间有连接路线，能够支持商业和服务业，维护生态稳定，增进城市居民的健康、安全，提升社会包容性。

公共空间并非形同虚设、平淡无奇。如果没有基础设施和配套规划，公共空间可能无法发挥作用。公共空间应该方便进入，并尽可能为更多群体和年龄段的人们所使用，可用于会议、休闲、文化、政治、商业、体育和其他活动。公共空间在提供安全、无障碍环境的同时，也应该在任一时间都具备相应的用途。它还应该充分包含自然特征。

不是所有的公共空间都需要明确的活动规划。有些公共空间应能满足自发的活动、集市和音乐会的需求。即使一次性的活动也需要复杂的基础设施，包括供电、供水、夜间照明和安保安排。公共空间要能为多种多样的活动提供服务。城市应该对公共空间的规划、时间安排等使用进行规范。由于公共空间属于所有人，所以它的用途需要经过探讨再做决定。

公共空间需要定期检查和维护。城市规划过程必须回应社会准备接受的公共用途。就公园而言，我们是选择一种限制性管理，即建设围墙、固定开放时间、安装摄像头、配备管理者来告诉人们什么能做、什么不能做，还是选择一种宽容的常规做法，允许举办大多数活动，但要求纳税人支持一批清洁工每天或者每次活动结束后将公共空间恢复如初呢？

不同的城市采取了不同的方法。伦敦的许多公园在夜间都关门。柏林更喜欢第二种更自由的选择，但是如果柏林人不愿意为清洁公共空间付费，那柏林模式也不可能成功。柏林人认为，为了减少控制和限制，提高纳税额是值得付出的代价。如果将这两种方法结合在一起，也就是在公共空间中任何人都可以随心所欲，但都不支付费用去清洁公共空间，这将产生糟糕的结果。忽视对公园和街道的清洁维护而导致垃圾遍地，我们置身在其中会感觉糟糕、不安全。城市的公共空间需要不断呵护，才能让居民们感到方便、舒适。

视觉污染

城镇和城市有一个很大的问题，那就是浮夸的广告吸引了人们的注意力，降低了公共空间的美学品位。这类广告无耻地寄生在公共空间中。一直以来，广告在城市中的存在是理所当然的，但是超亮的液晶面板并不合理，因为它们在黑暗中闪烁，而让行人眼花缭乱，并对道路交通造成危险。

我们可能会因为想要别出心裁而花上几天时间讨论新建筑外立面的设计。我们考虑建筑的规模、形状、材料和颜色。但是，如果毫无品位的临街店面或整墙的广告破坏了建筑的美学品质，那我们的努力又有什么用呢？美学的讨论和需求正在演变，在平面设计中也是如此。在城市环境中，公司标志或招牌应大小适中、颜色适宜，才有助于城市整体的审美效果。一些城市有自己的公共空间设计指南，在手册中对户外广告进行了规范。

有些广告牌非常大，它们既是大企业的宣传，也是政治传播路径。政客们常常利用超大面积的广告开展竞选宣传。他们这样做其实是滥用了城市的公共空间。巨大的广告牌可以竖立在城市外的高速公路旁，尽管这样的做法值得商榷（大型广告牌可能会分散驾驶员的注意力，从而造成交通危险）。在城市里，山形墙建筑旁边的空余空间更适合投放广告。2015年，法国格勒诺布尔市移除街道上所有广告牌，换成了树木。

巴西最大的城市圣保罗在2007年宣布取缔大幅广告牌。印度钦奈也在2009年出台了同样的规定。美国的佛蒙特、缅因、夏威夷和阿拉斯加等州都对大幅广告牌实行全面禁令。2018年，世界上最大的广告牌出现在迪拜，其面积达到了6260平方米，相当于一个普通足球场的大小。

GENTRIFICATION

LACK OF AFFORDABLE HOUSING

中产阶级化和经济适用房的缺失

* 图中英文：私人土地，禁止入内

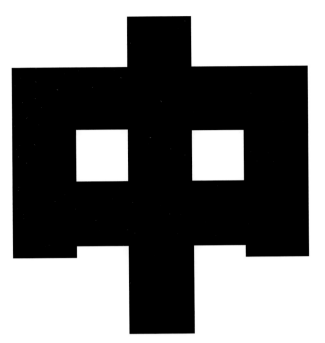产阶级化是指将低收入居民群体（如年轻家庭和老年人）挤出市中心的过程。一些市政厅廉价出售了之前作为公租房的城市存量住房，却拒绝建造新的住房。这样一来，政府就失去了解决城市人口构成不平衡问题的社会监管能力。最极端的情况就是随之而来的空间隔离，以整个居民群体的边缘化或重新安置为标志，导致一方面为百万富翁们创造了私人的"封闭社区"，另一方面为穷人和被排斥群体建立了贫民区。这些地区的社会关系紧张，随之而来的是犯罪率升高。

中产阶级化和经济适用房的缺失

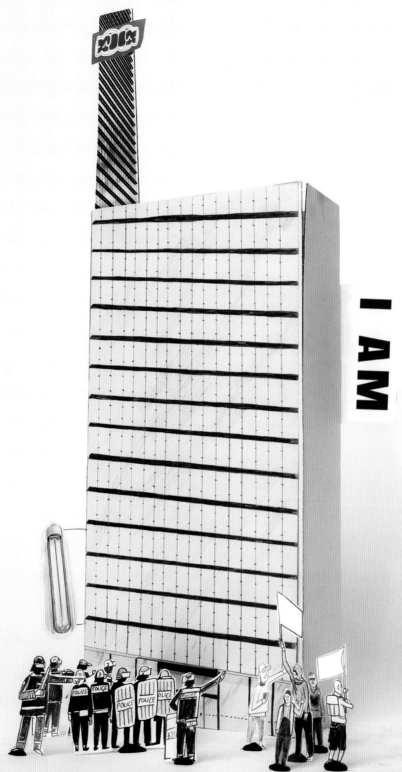

城市人口由不同的社会群体和收入群体组成。这些群体共同生活在城市环境中，使社会更具渗透性，从而促进社会流动。然而群体多样性可能是导致冲突的原因之一，有一些人将多样性看作对他们身份的威胁。研究表明，我们自然倾向于和我们有很多共同点的人在一起，而且最幸福的社会（如斯堪的纳维亚地区）也表明，幸福社会中不同居民群体之间的社会差异相对较小。然而，我们绝不能忘记，外来者的潜力和能量所激发的进步思想，一直使城市社会受益。基于这一前提，城市学家和规划者不断努力确保城市所有地区都具有充分的多样性，甚至在个别建筑内也是如此。从长远看，多样性均匀分布似乎是最可持续的系统。在伦敦，每一个新的商业建筑计划都必须包含20%的社会福利性住房。

即便如此，我们城市中的社区也是良莠不齐的。随着生活成本更高地区的租金上涨，不太成功的人和过了退休年龄的人很容易陷入财务困境。他们无法与收入更高的人竞争，也无法和那些准备为了几晚住宿而支付数倍于长期租金的游客竞争。市场力量的增长正在让一些城市的多样性消失。中产阶级化是一种消极的社会现象，它加深了人与人之间的鸿沟，阻碍了城市社区的发展，将问题边缘化、扩大化。如果不以监管和限制的形式进行政治干预的话，城市的中产阶级化问题将持续存在。例如，柏林市政府将租金价格维持5年不变，并限制私人业主，最多只能将公寓总面积的40%以商业短租的方式出租给旅游者。

中产阶级化和经济适用房的缺失

城市应该持续提供多种激励和机会。新人带来了新的想法、生活方式、食物和文化。不断涌入的外界刺激将丰富城市的内容，从而将其与村庄区分开来。如果这些未知的元素消失，城市的发展将会停滞不前。

许多人希望生活在一个平等的社会里。有些人选择搬到富裕的封闭社区，由物业接待和私人保安公司提供服务。这个美丽、安全、理想化的世界保护他们免受外部现实中许多不愉快事物的影响。他们对栅栏另一边发生的事情不感兴趣。然而，非常富有的少数群体和越来越贫穷的多数群体间的不平等急剧增长，导致了社会出现极大的不稳定，结果是贫富差距过大，赤贫社区进一步增加。出现这种现象的城市会功能失调，暴力犯罪增加。2018年夏季的一个周末，美国芝加哥市就报告了71起枪击案，其中12名受害人死亡。在芝加哥南部和西部的贫穷社区，枪击是大问题，那里的失业率约为30%，平均工资仅为北部富裕地区的一半。小偷小摸在整个城市范围内屡禁不止。在这样的城市里，人们不敢上街。在一些地区，即使在红灯前停车也是不明智的。在南非，一些市民用枪支保护自己，并用电篱笆将住所围起来。这不是一个让人愉快的世界。

欧盟大约有五分之一的人口正面临贫困或被社会排斥的风险。儿童、妇女和老年人尤其脆弱。目前地球上有超过10亿人生活在贫民窟，其中80%的人在东南亚、南亚、中亚、拉丁美洲以及撒哈拉以南的非洲地区。这一数据还在继续增长。

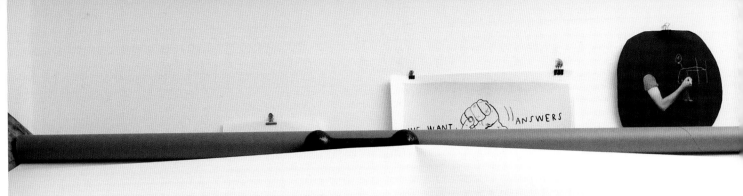

中产阶级化和经济适用房的缺失

一个城市的多样性应该在单个建筑和地区层面上同时运作。今天，理想的城市建筑是这样的，一楼有商店或提供服务的店铺，往上是办公空间，其上有社会福利住房，再往上是普通的出租房屋，顶层则是富人的豪华公寓。在一栋楼里有不同的社会群体，可以为街道和社区提供更广泛的服务，包括商店和学校。尽管不同社会群体之间的日常接触和融合会带来许多小的挑战和潜在的冲突，但也避免了更棘手的问题出现。

从本质上讲，城市是一个充满冲突的地方。城市规划专家和政治家都必须努力协调不同群体提出的看似不相容的需求。事实证明，一直取悦所有人是不可能的。那么，我们如何才能让人们以相互包容的态度生活在一起呢？有些地方奉行这样的信念：所有冲突都可以通过相互协商解决。在拥有多元文化的大城市里，城市学家发现当不同的群体生活在一起时，能够学会相互包容和合作就足够了。强迫人们以同样的方式做每件事是错误的。今天的大城市就是并行运作的城市典范，不同的文化在此蓬勃发展。虽然城市社会并非总像我们希望的那样具有渗透性，但它容纳了许多不同的团体并肩生活，它们之间的互动是相互促进的。

　　　　　　中产阶级化和经济适用房的缺失

PRIVAT
OF C

城市私有化

ZATION
ITIES

**联**合国每年都会发布《世界幸福报告》，对150多个国家进行排名，从收入、社会支持指数、健康预期寿命、个人自由程度、信任和慷慨程度等多方面来评判各国的幸福水平。斯堪的纳维亚地区的国家长期以来一直高居榜首，这一点绝非巧合。虽然

北欧国家的人民需要缴纳高额的税款，但同时他们也受到慷慨的社会保障体系的保护。他们信任其政治领袖和他们所生活的社会。他们重视高度的个人自由，并关心他人的生活。芬兰位居榜首，丹麦、瑞士和冰岛紧随其后。值得注意的是，长期以来个人收入差异最小的5个国家中一直就有丹麦、芬兰和冰岛。如果我们希望社会像他们的那样幸福，就应该向他们学习。但不幸的是，许多城市社会似乎正朝着相反的方向发展。

城市私有化

购物中心

将商店和服务迁移到城市公共空间之外的大型购物中心——远离购物街、广场或市场——吞噬了城市的活力，削弱了城市的经济。人们不是在支持当地企业和邻居，而是在一个对城市发展毫无贡献的私有化平行世界中消磨时间。

大型购物中心的特点是空白的外墙和"装饰"简单的供应坡道。它们与城市往往是寄生关系。购物中心交易单位的高度集中产生了巨大的运输成本，这主要来自私人车辆的使用。传统的市中心及其商业街正在消亡，这种现象最早出现在20世纪六七十年代的美国城市，比如丹佛、达拉斯、堪萨斯城和圣路易斯等。令人惊讶的是，世界上许多城市仍然在犯同样的错误。

最初，一个城市的商业店铺都在底层，因此城市的喧嚣与吵闹都涌现在临街一层。营业场所为业主所有，租金用于支付建筑物的维修费用。业主会用他从建筑里赚来的钱来维持它的良好秩序。这样，街道、地区和城市本身都会变得繁荣起来。

建筑物的底层给城市带来了生机，人们来到街道上，在那里见面、打招呼、购物和娱乐，公共空间蓬勃发展。多年来，这种模式一直运作良好。随后，购物中心出现了，它将服务和商店从城市中剥离出来。现在，它们位于一座特殊的、孤立的大楼里。这座大楼的原则是，在同一屋檐下，商店高度集中，提供各式各样吸引人的商品和服务。

大型购物中心赚取的利润并没有返还到城市街道上，而是流入了其所有者的口袋，通常是在另一个城市，也许在另一个国家。这些钱不是用来支持当地零售商和经济，而是无可挽回地流走了。由于商业、服务和顾客流向大型购物中心，市中心临街层的店铺更难出租。许多仍旧空置着，另一些则被便利店、当铺和酒吧所占据。随着城市越来越贫困，建筑物也变得残破不堪。当地工匠缺乏工作，破旧建筑的出租价格下降，整个地区陷入衰退。这座城市正从内部被洗劫一空。

随着社会的不断发展，我们的选择对城市的影响有时很难预测。100年前，闪闪发光的城市百货公司内设有自动电梯，陈列着各式商品的巨大橱窗，还有面带微笑、身穿制服的女售货员提供高质量的服务，这被认为是现代社会的最前沿。后来我们才知道，商店集中在一个地点可能会对一个城市的发展产生负面影响。在当今开放的全球社会中，我们应该能够从错误中吸取教训，以免重蹈覆辙。

虽然在巴黎、慕尼黑和伦敦，购物中心的商业空间每400平方米不超过1000名居民，但在塔林，这个数字几乎高达4倍——尽管爱沙尼亚首都公民的购买力明显低于刚才提到的其他城市的公民。如今，许多购物中心处于半空置状态，因为城市人口的购买力已经达到上限。许多城市现在缺乏经济手段来利用它们建造的购物中心的所有空间。

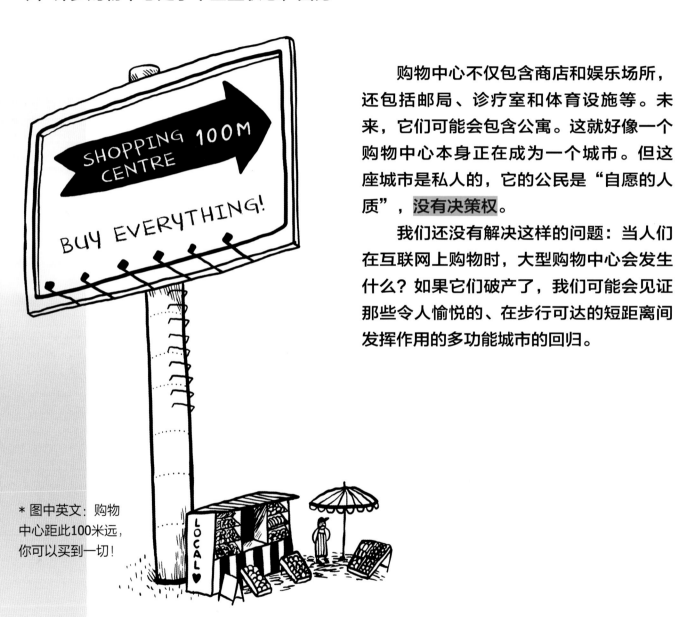

SHOPPING CENTRE 100M
BUY EVERYTHING!

LOCAL ♥

* 图中英文：购物中心距此100米远，你可以买到一切！

购物中心不仅包含商店和娱乐场所，还包括邮局、诊疗室和体育设施等。未来，它们可能会包含公寓。这就好像一个购物中心本身正在成为一个城市。但这座城市是私人的，它的公民是"自愿的人质"，没有决策权。

我们还没有解决这样的问题：当人们在互联网上购物时，大型购物中心会发生什么？如果它们破产了，我们可能会见证那些令人愉悦的、在步行可达的短距离间发挥作用的多功能城市的回归。

在美国，2007年是自20世纪50年代以来，第一个没有新建购物中心的年份。由于一波波破产浪潮，诸如死亡商场、幽灵商场和僵尸商场等术语进入了字典。

城市私有化

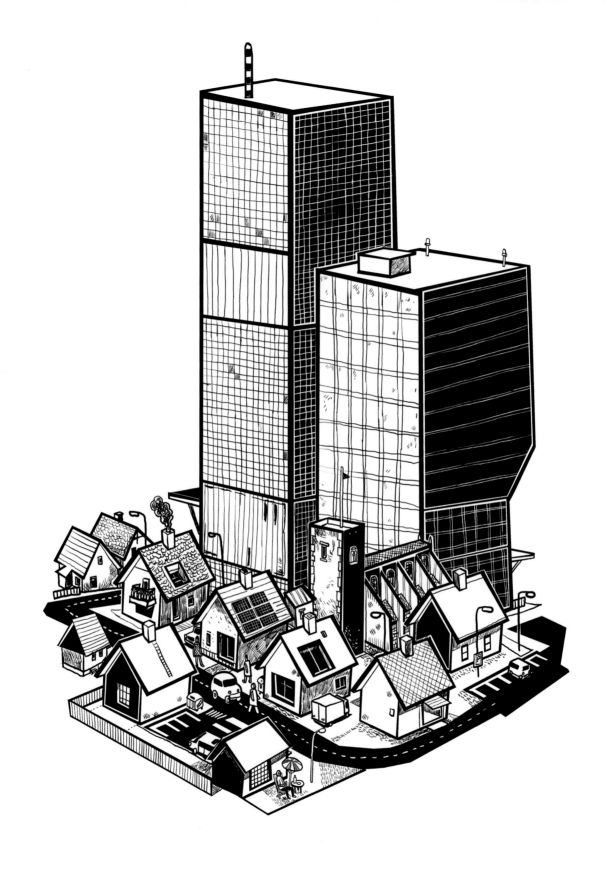

世界上最高的10座摩天大楼中有6座在中国，1座在沙特阿拉伯。最高的是阿拉伯联合酋长国的哈利法塔，高达828米。

摩天大楼

我们在决定处理城市事项的优先级时，必须明确我们心目中城市向天空进发的目的是什么。塔楼保护我们免受火灾，告诉我们时间，宣布城市行政中心的所在。自古以来，城市就被它们主宰。想想君主的城堡，基督教教堂或天主教教堂的钟楼吧。这些建筑被市政厅的塔楼所取代，后来又被无线电和电视发射塔取代。建筑物的高度可能是一个城市内部权力的体现。

当一家私营公司决定建造一座城市中最高的摩天大楼时，它就释放出一个信号，我们只能以一种方式解读：这座城市由私人资本运营，公共领域毫无意义。私营公司建立自己的利益，使自己成为关注的焦点。基本上，他们在城市目所能及的范围内展开私有化。

我们大多数人都能回想起世界商业和金融中心纽约的典型轮廓，它与其他大多数城市截然不同。在美国，私人利益往往被放在第一位，高于公共利益。这是与欧洲的不同之处，欧洲则是相反的，这就是为什么欧洲城市看起来像现在这样。东京市政厅高243米，是该市最高的建筑之一，它的观景平台（高202米）对公众免费开放。我们在此处讨论的是一个敏感的象征符号，应该将社会契约考虑在内。市中心的私人摩天大楼可能代表着经济的强劲，但也可能意味着公共领域的薄弱。此外，它还代表那些有钱人可以为所欲为。

城市应该包含高层的私人写字楼和住宅建筑吗？如果是的话，它们应该位于哪里呢？高层建筑作为一个城市经济实力和技术进步的象征，往往远离历史中心而建，但这也有例外，比如伦敦和美因河畔的法兰克福。为了吸引这样的建筑修建在城市中，我们必须找到建筑的场地，同时考虑到古迹保护的规则、周围的景观，以及城市交通基础设施的组成和能力。在维也纳，政府决定只在精心挑选的地铁站之上建造摩天大楼。这样的措施可以防止交通拥堵。高层建筑意味着许多人集中在一个地方，在上午和下午的高峰时段，人们必须在很短的时间内集体往返于他们的目的地或工作地点。

地形、视觉轴线和城市天际线的特殊性是规划者需要重点考虑的因素，个别建筑的轮廓和比例也是如此。更不用说建筑技术、安全成本和其他挑战了。高层建筑的设计远非那么简单，而且在许多情况下，它既不经济，也没有生态和社会的合理性。

EMPTY BU
AGEING
HOUSING
STOCK

空置建筑、
老化住房存量和
房地产投机

ILDINGS, AND REAL ESTATE SPECULATION

我支持对空置的房地产实施低税率。城市建筑既可以长期闲置，也可以进行投机操作。正在经历人口减少或经济转型的城市往往有许多闲置的、可能会衰败的历史建筑和纪念碑，对它们进行翻修通常成本高昂。许多建筑都掌握在国家和公共部门手中，这些部门往往只能为其提供基本维护。

空置建筑、老化住房存量和房地产投机

日本、塞浦路斯、匈牙利、美国、芬兰、智利和斯洛文尼亚的空置住房比例达到10%以上。相比之下，英国、冰岛和瑞士的空置率非常低，不到2%。许多空置住房位于大城市，纽约、巴黎和悉尼都超过10万套，空置比例超过5%（2020年）。

然而，空置的建筑并不能促进当地商业和服务业的发展。更重要的是，"幽灵建筑"会影响一个地区的声誉，由此将其邻近建筑置于不利的处境。问题不仅在于老旧、破烂的建筑，新房也有可能闲置，因为业主仅仅把它们看成是资产保值的手段。在伦敦某些著名的社区，尽管与住房短缺相关的成本已经达到了天文数字，但依然有高达30％的房屋空置或使用率较低。

历史名城到处都是建于不同时代的宏伟建筑，其中许多都经历了战争和自然灾害的洗礼。但我们仍然认为有百年历史的建筑也是现代的。这些建筑的维护和翻修成本高昂，而且需要大量劳动力。幸运的是，由于其宽大的空间和高高的天花板，许多陈旧的城市建筑相对容易改造，以适应使用的变化。

今天，我们在建造之前，必须考虑新建筑如何在未来实现功能转换。办公楼可以改造成住房，工厂可以变成会议场所，住宅公寓可以变成酒店。芝加哥的主要大道之一——州立大街，曾经被许多华丽的百货商店占据，现在这些建筑的内部经过改造，被大学重新利用。如今，它们的走廊里挤满的不是热切的购物者，而是深入讨论的学生。由于其承重骨架的优越性，百货公司的开放式楼层很容易被分割成教室，效果非常好。

当建筑物长期闲置时，城市就会受到影响。许多城市不从闲置和从未使用的房地产中征税，因为如果对这些房产征税，业主将被迫重新考虑房屋使用问题（以色列的城市加上巴黎、墨尔本和温哥华是例外）。空置的房地产对周边的发展是不利的。如果周围的建筑长期空置，公寓楼租户会觉得他们居住的区域不好。如果房东试图根据通货膨胀率提高租金，租户可能会反对，因为在一个没有人愿意居住的地区，这样的加租是不可持续的。这使业主陷入了僵局，因为如果不增加租金，他们将缺乏修缮房屋所需的资金。与此同时，租户们会问自己：我们会不会是最后一个离开这个陌生、空旷的地方的人？最终，他们会选择搬家。这样的社区有可能成为城市中不受欢迎、令人不快、落后的区域。

LACK O
CONSTRU
ABSE
POLITICAL
DIRECTION

F NEW
TION AND
ICE OF

缺少新建筑和
政府干预缺位

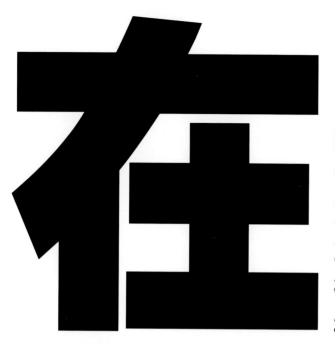一些国家，不合理的空间规划、繁冗的行政管理和缓慢的决策过程导致建设许可审批遥遥无期。在丹麦，建筑许可在64天内签发。在捷克，这一过程的法定期限是247天，但是从有关当局获得声明的时间可能需要数年。根据世界银行发布的营商便利指数，2019年审批最快的是马来西亚、阿拉伯联合酋长国、丹麦和新加坡。在评估的186个国家中，许多东欧国家排名靠后，如下所示：匈牙利（108天）、斯洛文尼亚（119天）、斯洛伐克（146天）、罗马尼亚（147天），克罗地亚（150天）、摩尔多瓦（156天）、捷克（157天）、阿尔巴尼亚（166天）。最后的是叙利亚、利比亚、也门、厄立特里亚和索马里。考虑到这些国家的经济状况疲软，建筑活动低迷，这一事实便不再令人感到惊讶。新建筑的缺乏意味着市场上几乎没有房产流通，导致房价迅速上涨。

这也难怪在捷克的一些大城市，购买公寓的价格明显高于许多其他发达国家的大城市。捷克人买房的时间比所有其他欧盟国家都要长。平均一套面积为70平方米的公寓的价格是捷克人11.2年的年薪（在布拉格是20年）。而在波兰和葡萄牙，这一数字分别为7.5年和3.8年（2019年数据）。

BUILDING PERMITS

缺少新建筑和政府干预缺位

新建筑的规划者面临着一个共同问题，那就是土地没有准备到位。在土地使用计划中，大面积棕地被预留出来，用于与其原用途不再相关的目的（通常是工业）。我们必须为改变场地用途准备立法，对开展城市研究后获得的所有交通和公共设施连接情况的详细说明进行核实。然后通过公开招标确定一个计划。一个可以容纳5万人的新社区对城市提出的要求，和曾经占据同一地点的铁路轨道的修建所提出的要求是截然不同的。一切都必须经过彻底的核实和准备。这样的过程会持续几年，甚至几十年。

通常情况下，城市希望尽可能多地开展建设。与其说这是人口增长的结果，不如说是现有人口对居住空间需求增加的结果。很少有家庭会像100年前那样很多人快乐地居住在一个房子里。今天，大多数人希望拥有自己的房子——这就增加了对新建筑的需求，而这个需求并非伴随着人口增长而出现。如果城市不能在中心地带提供足够的经济适用房，那么人们就有可能完全离开这里，到郊区或其他地方去。

在市场机制失灵的今天，社会住房再次成为一个政治问题。在维也纳，社会管制租赁住房的比例一直是最大的（62%的维也纳人的房屋都有管制租金）。城市通过保留公共土地的所有权实现了这一目的，他们可能会将土地长期租赁给开发商，但不会出售。然而，有些城市的做法恰恰相反，它们将自己的土地和住房拱手相让，却几乎没有机会用可以负担得起的价格进行回购。

缺少新建筑和政府干预缺位

欧洲大约三分之一的人口都在租房住。在德国，租房住的人几乎是其总人口的一半（48.6%）。其他一些国家的数据如下：法国35.6%、西班牙25.3%、波兰15.8%、罗马尼亚3.2%。

城市住房可以调节人口社会构成的多样性，使收入相对较低的人能够生活在相对昂贵的地方。只要城市拥有至少5%的住房存量，这种机制就会发挥作用。近年来，许多城市为了短视的政治利益，将公共住房置于私人手中，政治人物为了获得连任，用远低于市场的价格将其出售。通过这样的方式，他们能够展示出色的经济成果，而将那些长期被忽视却需要大量市政投资的住房存量抛之脑后。

维也纳24%的住房存量由政府直接拥有并管理。在维也纳、哥本哈根和苏黎世，一套市政公寓只容纳不到10名居民，在柏林是12名，在慕尼黑是18名，在布达佩斯是44名。这与世界上90%的城市根本不为贫困市民提供社会福利性住房这一严酷的现实形成了鲜明对比。

缺少新建筑和政府干预缺位

LAC
PAR
PAA

KOF
TICI
ION

缺乏参与

与城市规划、建设和维护的社区成员太少。这不仅仅是活跃的公民与地方政府之间的沟通，还涉及投资者、开发商和城市规划、经济、社会学和地理学方面的专家。在许多情况下，广大社区之间缺乏进行讨论的平台和渠道。公众不仅应该在规划阶段，也应该在实施和发展阶段参与进来。现在这种缺乏参与的情况使我们的城市在面对气候、经济和社会发展带来的意外挑战时缺乏弹性。

缺乏参与

根据世界城市论坛的数据，目前全世界约有1万座城市，每座城市的连续面积涵盖了超过5万名居民，平均人口密度为至少每公顷15人。然而，这只是计算城市的众多方法之一。梵蒂冈只有800名居民，而皮特凯恩群岛的首府亚当斯敦（也是该群岛唯一的城市）只有40名居民。

大多数城市居民认为，他们对自己居住的地方无能为力。他们已经学会接受由专家来处理事务。遗憾的是，他们将自己的问题交给不了解的人去解决。但是，正如我们所看到的，专家也会犯错。在更广泛的社区内进行沟通和讨论，可以为我们提供更强大的保护，防止出现不可逆转的错误。与其寻求快速的（可能是错误的）解决方案，不如在一个更开放的团体中对问题进行更长时间、更深入的讨论。通过这种方式，可能会达成愉快的妥协，在最好的情况下，找到一个全新的最佳解决方案。

今天的公民比过去更加积极，这是一件好事。"规划者""公民""政治家""开发商""客户"和"活动人士"等称号不再是既定的头衔，在一个人的一生中，角色可以改变和合并。没有一个战略游戏比创建一座城市更为冒险，更值得称赞。在这里所有玩家都围绕一个共同的基础与计划展开运作。从一个牌堆中取出代表个人利益的卡片，写有潜在新问题和挑战的卡片则从另一个牌堆中发现。所有这些都与公民教育相辅相成。因为公民是城市的参与者，而公民教育就是本书的目的。

缺乏参与

最佳实践案例

以前

现在

维也纳最重要的商业街长期以来一直与严重的交通拥堵做斗争。为了解决这个问题并确定解决方案，市政厅和社区开展了一系列会谈，最终举行了建筑设计竞赛并由当地居民投票。荷兰Bureau B+B事务所提交的方案最终胜出，其设计大幅减少了交通拥堵、噪声污染和空气污染。今天的玛利亚·希尔夫大街（Mariahilfer Straße）更加受到行人和骑行者的青睐。过去它是一条单一功能的街道，而现在已经成为一个集交通服务、休息区、水景和大量绿色植物为一体的共享空间。

果你认为我们的城市正在陷入极度的经济窘境并滑向崩溃边缘，那你就大错特错了。没有必要惊慌失措，亡羊补牢，为时不晚。话虽如此，但我们的选择是有限的。用建筑师雷姆·库哈斯的话来说："我们比以往任何时候都更需要城市。"通过与周围环境建立紧密的关系，我们学会了批判性地看待我们的城市。如果我们关心自己、关心身边的人、关心我们的家园、我们的国家和我们的星球，我们将影响我们的城市，就像它影响我们一样。为了鼓励我们关心自己的城市，这本书包含了几个来自世界各地的最佳实践的例子。毫无疑问，你也会想到其他伟大的解决方案！曾担任雷克雅未克市市长的冰岛喜剧演员琼·格纳尔说："爱是行动，而非语言。"至于我，我期待着与你们每一个人一起工作。因为城市属于我们每一个人。

这条高架线曾经是一条高架铁路，连接着曼哈顿3个街区的工厂和仓库。1999年，当该市考虑拆除废弃的铁轨时，约书亚·戴维和罗伯特·哈蒙德发起了一项公民倡议活动，旨在拯救它，并将其变成一个公共空间。为该空间的新用途举办的设计竞赛吸引了来自36个国家的720名参赛者。被选中的设计来自迪勒·斯科菲迪奥+伦弗罗工作室（Diller Scofidio + Renfro Studio）、皮特·乌多尔夫（Piet Oudolf）与景观设计师詹姆斯·科恩菲尔德（James Corner Field Operations）的合作。这个方案提供了一个在摩天大楼遮挡下长达2.5千米的绿洲。这个带状公园的创建、维护和运营由纽约市民100%出资。

作为艺术品的地铁站：
慕尼黑的韦斯特弗里德霍夫地铁站（1998）

当交通工程师和建筑师与艺术家合作时，乘坐地铁就成为一种艺术体验。著名工业设计师英戈·莫雷尔（Ingo Maurer）与奥尔+韦伯工作室（Auer+Weber studio）合作，对慕尼黑的韦斯特弗里德霍夫地铁站进行了翻修，设计了一个由11盏巨型灯具组成的照明装置，以蓝色、红色和黄色的色调巧妙地照亮站台区域。

创意城市开发：
柏林霍兹马克特（2017）

在施普雷河畔一个曾经被指定为包含豪华公寓、酒店和办公室的高层玻璃建筑群的地方，我们发现了一类原始的、创造性的空间，让人想起一个村庄或艺术家的聚集地。该地区由经营着柏林传奇的Bar25的朋友管理，并与专注于可持续投资的瑞士养老基金合作（这也许令人惊讶）。它将学生宿舍与杂技厅、舞蹈俱乐部、烘焙坊、录音室、幼儿园与海狸巢穴结合在一起。

振兴预制房屋项目：
波尔多大公园（2016）

预制公寓楼的翻新不一定仅仅意味着新的隔热层和一层外墙涂料。2016年，由拉卡顿-瓦萨尔建筑事务所（Lacaton & Vassal）领导的法国建筑师工作室三人组对包含530套公寓的社会住房建筑进行了改造。将冬季花园设计到外墙，不仅扩大了公寓的面积，而且得到了照明。浴室扩大了，室内设施也变得现代化了。在工程建设期间，居民被巧妙地重新安置，这意味着现有的社会关系和生活质量没有受到影响。

抛开偏见不谈，即使是焚烧厂也可以成为热门的运动和娱乐场所。阿马格·巴克（Amager Bakke）热电联产垃圾发电厂每年处理超过40万吨的垃圾，为哥本哈根的家庭提供低碳电力和热能。BIG建筑师工作室的设计借鉴了最先进的技术和方法，对该建筑加以充分利用。它有一个滑雪坡、一条步行道、世界上最高的人造攀岩墙、大量的绿植、一个游客中心和一家可以俯瞰全景的咖啡馆。

焚烧厂屋顶上的滑雪坡：
哥本哈根的阿马格·巴克垃圾
发电厂（2019）

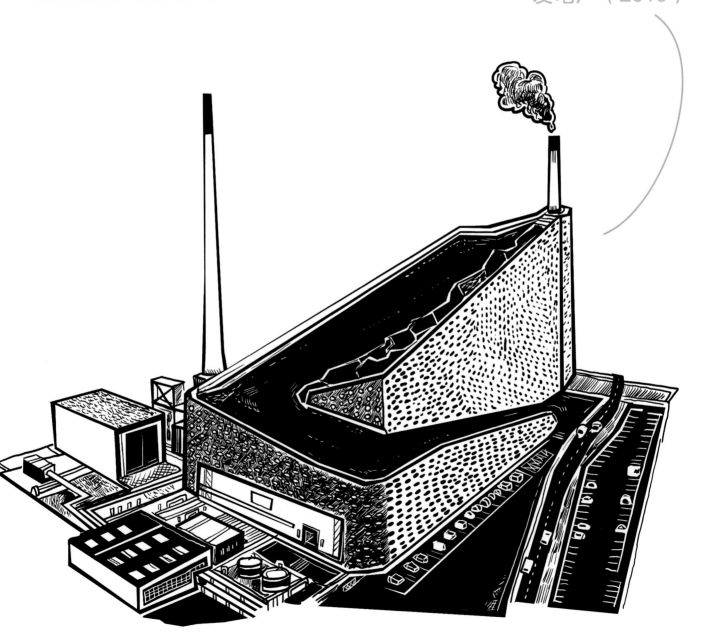

我要感谢捷克建筑基金会的专家读者对本书提出的宝贵意见，他们是：

简·卡斯尔（建筑学硕士）、

大卫·马雷（建筑学硕士）、

马丁·彼得卡（建筑学硕士）、

雷纳塔·弗拉贝洛娃（建筑学硕士；博士）。

我想感谢芝加哥建筑中心的林恩·奥斯蒙德和加布里埃尔·里昂，《规划无小事》（2017）的合著者德温·莫兹利和德恩·里德，以及来自布拉格的捷克共和国福布莱特委员会的汉娜·里普科娃。本书撰写的第一个灵感来自他们。

特别感谢伦卡·科斯特鲁诺瓦。感谢雅库布·斯蒂布洛、马雷克·伊姆劳夫和特雷兹卡·伊姆劳福娃、西蒙·哈夫尔卡、卡雷尔·姆莱伊内克、克拉拉·科瓦乔夫以及拉多丁滑雪和自行车中心借出和捐赠了玩具车、自行车、雕像和地铁排气装置。

还要感谢所有借给我们玩具车的孩子们。估计他们已经忘了，所以我们就不打算还给他们啦。

冈村修：建筑师，捷克利贝雷茨技术大学艺术与建筑学院讲师、院长。他主要关注城市宜居性及其解读。曾任布拉格第七区管理局城市化、建筑和公共空间发展委员会成员（2015—2021），布拉格市议会公共空间艺术委员会主席（2019—2021）和成员（2021—　），欧洲"共享城市：创意动力"的城市最佳共享项目最终成果策展人（2015—2019），从事系列动画电影和戏剧表演《虚拟仪式》，reSITE（一个关于更宜居城市的国际节日和会议）项目总监（2013—2017），专业建筑杂志ERA21主编（2005—2012），现为编委会成员。自2008年起，他成为密斯·凡·德·罗奖（欧盟当代建筑奖）的推荐人。作为捷克建筑基金会董事会成员（2015—2020），他于2018年获得福布莱特·马萨里克奖，在芝加哥建筑基金会（现为芝加哥建筑中心）学习，专注于面向年轻人的项目。他与多家媒体和机构合作，研究建筑和城市规划解读。他在美国、日本、泰国和乌克兰的国际论坛上发表了《人人共享的城市》的演讲。2014年，他被评为"新欧洲100位中东欧杰出挑战者"，是100位传播全球重要创新的杰出贡献者之一（由Res Publica、谷歌和维谢格拉德基金与英国《金融时报》合作组织）。

戴维·波姆：毕业于布拉格美术学院。他和伊尔吉·弗兰塔是一对受人尊敬的艺术搭档，作品包括表演艺术、装置艺术和大幅绘画。他的独立作品主要包括插画和艺术家书籍，并获得了许多著名奖项，包括苦土文学奖和捷克年度最美图书奖。2009年，他独具匠心的漫画书《安静的河马》由拉比林出版社出版；他参与合著的书籍《关于头颅的百科全书》（2013）囊括了捷克国内所有评选一等奖。他为出版物《麻烦地区指南I》（2016）和《如何制作画廊》（2016）设计了插图和视觉资料。波姆的插图百科全书《"A"代表南极洲》（2019年）获得了著名的德国儿童文学奖。

伊尔吉·弗兰塔：多年来一直致力于绘画。同时还创作装置作品、艺术品和视频。他为拉比林出版社发行的书籍《为什么画作不需要名字》（2015年）绘制了插图和漫画，该书获得了金丝带童书奖和苦土文学奖；《麻烦地区指南I》（2016年）获得了捷克年度最美图书奖。除此之外，他还是拉法尼艺术家团体的成员。他和戴维·波姆以二人组合的形式举办展览。他们两人还创办了漫画杂志KIX，为波西米亚足球俱乐部的球迷设计衬衫，并多次出现在金德里奇·查鲁佩克基奖的候选名单上。长篇漫画作品《单身》（2020）是

图书在版编目（CIP）数据

适合所有人的地方 /（捷克）冈村修著；（捷克）戴
维·波姆，（捷克）伊尔吉·弗兰塔绘；邓稚凡，杨媚译 .
—成都：天地出版社，2023.5
ISBN 978-7-5455-7430-2

Ⅰ . ①适… Ⅱ . ①冈… ②戴… ③伊… ④邓… ⑤杨
… Ⅲ . ①城市规划－建筑设计－青少年读物 Ⅳ .
① TU984-49

中国版本图书馆 CIP 数据核字（2022）第 214848 号

Author: Osamu Okamura
Illustrator: Jiří Franta, David Böhm
© LABYRINT, 2020, in cooperation with the Czech Architecture Foundation
Published by arrangement with Albatros Media a.s., Prague
www.albatrosmedia.eu
All rights reserved.

著作权登记号　图进字：21-2022-254

SHIHE SUOYOU REN DE DIFANG

适合所有人的地方

出 品 人	杨　政
总 策 划	戴迪玲
作　者	[捷]冈村修
绘　者	[捷]戴维·波姆　[捷]伊尔吉·弗兰塔
摄　影	帕维尔·霍拉克
平面设计	什坦·马洛维奇
译　者	邓稚凡　杨　媚
策划编辑	王　倩
责任编辑	王　倩　刘桐卓
美术编辑	谭启平
营销编辑	陈　忠　魏　武
责任校对	马志侠
责任印制	葛红梅

出版发行	天地出版社
	（成都市锦江区三色路238号　邮政编码：610023）
	（北京市方庄芳群园3区3号　邮政编码：100078）
网　址	http://www.tiandiph.com
电子邮箱	tianditg@163.com
经　销	新华文轩出版传媒股份有限公司

印　刷	北京中科印刷有限公司
版　次	2023年5月第1版
印　次	2023年5月第1次印刷
开　本	889mm×1194mm 1/16
印　张	11
字　数	120千字
定　价	128.00元
书　号	ISBN 978-7-5455-7430-2

咨询电话：(028) 86361282（总编室）
购书热线：(010) 67693207（营销中心）

如有印装错误，请与本社联系调换。